带着正能量
去做人

唤醒潜在正能量，做内心强大的自己
POSITIVE ENERGY

带着正能量去做人

王拥军 ◎ 编著

企业管理出版社
ENTERPRISE MANAGEMENT PUBLISHING HOUSE

图书在版编目（CIP）数据

带着正能量去做人 / 王拥军编著 . -- 北京：企业管理出版社，2017.6
ISBN 978-7-5164-1518-4

Ⅰ . ①带… Ⅱ . ①王… Ⅲ . ①成功心理 – 通俗读物 Ⅳ . ① B848.4-49

中国版本图书馆 CIP 数据核字 (2017) 第 115207 号

书　　名	带着正能量去做人
作　　者	王拥军
责任编辑	张平　田天
书　　号	ISBN 978-7-5164-1518-4
出版发行	企业管理出版社
地　　址	北京市海淀区紫竹院南路 17 号　　邮编：100048
网　　址	http://www.emph.cn
电　　话	总编室（010）68701719　发行部（010）68701816　编辑部（010）68701638
电子邮箱	qyglcbs@emph.cn
印　　刷	北京时捷印刷有限公司
经　　销	新华书店
规　　格	170 毫米 ×240 毫米　16 开本　17 印张　220 千字
版　　次	2017 年 6 月第 1 版　2017 年 6 月第 1 次印刷
定　　价	46.80 元

版权所有　翻印必究　·　印装有误　负责调换

前　言

今天，成为一个负责、诚信、乐观的人，带着正能量为人处世，是最值得称颂的赢之道。经验表明，一个人如果情绪低落、心态不佳、观念落伍，自然无法精神饱满地处理好各层关系，也无法在工作中胜任岗位职责。

在各个行业，那些业界精英，风光无限，成为这个世界的佼佼者。至于成功的方法，可谓八仙过海，各有神通。有的人勤奋刻苦，有的人有天资，有的人懂得发展合作关系，有的人善于把握趋势……那么，是什么在背后发挥着决定性作用呢？在这些人的成功潜质中，有一项因素独一无二，不可或缺，那就是带着"正能量"做人，由此具备了迈向成功的资本。

交朋友要找积极向上的，找员工要选择主动踏实的，投资者找合伙人更倾向诚信负责的……总之，一个人想生活得更幸福，事业上更成功，必须带着正能量上路。

领导说："有激情，做实事儿，对工作有责任心，能担当的人最值得委以重任！"

商人说："讲信义有原则，不唯利是图的人最值得合作！"

朋友说："自信乐观，办事有规律有计划，把事情交给他绝对放心的人最靠谱！"

这就是当代社会各阶层对具备正能量的人的解读和诠释。换句话说，具备正能量的人恰恰是综合了以上所有优秀品格特征的人，或者说这些特质是人成功的资本。

在这个压力与机会并存的时代，每个人都化身成了职场上的潜在竞争者，渴望在这个充满残酷挑战和凶险的竞技场上一展身手，从而获得各种让人目眩神迷的"战利品"：名望、地位、自我价值的实现、更好的物质生活。如果你还在为了工作而工作，还在为了交友而交友，那么请停下来想想，你身上是否散发着正能量，能否具备强大的吸引力和感召力，去影响更多的人。如果不是，就要着眼于自身行为、修养、理念，进行一场变革，努力成为世人眼中可信、可靠的人，而你所追求的一切自然会水到渠成。

一个不负责、不积极的人，谁敢把重任交到他手里？没有机会，他又如何能施展才能？没有施展才华的舞台，他又如何能被大家认可？不能得到认同，他怎么能建立自信心？一个丧失了自信心的人又如何发掘自己的潜能，实现自己的价值？这就是一条可怕的恶性循环链条，经验表明：一个不具备正能量的人几乎是要丧失生存权利的！所以说，人缺乏正能量，就失去了成功的资本，注定无法成就大事！

本书针对当今风云变幻的社会现象，以及工作、生活压力日趋沉重的现实状况，解读具备正能量的人如何在成就事业、处理人际关系、保持身心健康等方面去思考和行动。

在生活中敢于担当，做事的时候脚踏实地，与人相处能被信任，善于按计划行事，努力把事情做到位，别轻易说不靠谱的话，关键时刻对自己狠一点，有所成就不摆谱……这些正能量的做人之道值得每个人终生研习，并运用到工作与事业发展中，在筹划中实现自我价值，最终成为可以成就大事的人。

本书告诉你什么样的人具备正能量，为什么具备正能量的人更值得托付责任、更容易成大事，并为你提供培养人生正能量最简单、最有效的方法。通过精心细分的正能量法则，你能从中建立自信、热情、果断、谦逊、自尊等优秀品质，成为社会上最具适应力、竞争力的大赢家。

成功人生需要引导，魅力人生需要打造。读完本书你就能明白，其实做一个充满正能量的人很简单，获得人生幸福、找到成功路径也没有你想象得那么难。希望你能通过此书，查找到自己性格、心态、观念方面的不足之处，加以弥补改善，以充满正能量的面貌笑对人生，打造一个距离成功更近的你，牢牢掌握迈向成功的资本。

编者

2017年3月

目 录

第一章　成功定律：靠谱的人赢得出彩人生
 1. 失败的人，80%是因为不靠谱 ………………………………… 002
 2. 成就大事业，从"靠谱"二字开始 …………………………… 005
 3. 阿Q精神：不靠谱的人都爱说如果 …………………………… 008
 4. 巴纳姆效应：清醒地认识自己是靠谱的前提 ………………… 011
 5. 吹牛皮现象：话说得太圆满，会让自己下不了台 …………… 014
 6. 自强优势：比靠山还可靠的，是让自己有价值 ……………… 018
 7. 相互吸引定律：靠什么赢得别人的好感 ……………………… 022
 8. 身价优势：适度抬高自己的身价，学会包装自己 …………… 025

第二章　尽职尽责：有责任感的人更容易成大事
 1. "责任心"比"能力"更靠谱 ………………………………… 030
 2. 没有责任感的人何谈立足社会 ………………………………… 033
 3. 放眼全局，负责的人都有大眼界 ……………………………… 037
 4. 别逃避，是你的责任就担到底 ………………………………… 040
 5. 负责的人往往家庭事业两不误 ………………………………… 043
 6. 为自己的行为负责，绝不找借口 ……………………………… 046

第三章　务实笃行：做接地气的人，办更靠谱的事
 1. 除了仰望星空，更需脚踏实地 ………………………………… 050
 2. 不急于一时，关键时刻沉住气 ………………………………… 054

3．跟大家打成一片，才能"天下归心" …………………… 057
4．把眼界放低，把要求抬高 …………………………………… 061
5．得到他人认同，更容易办成事 …………………………… 065

第四章　诚信立身：不被信赖，怎能成为可靠的自己人

1．信用当品牌，"诚"是做人靠谱的硬指标 …………… 070
2．一言许人千金不易，答应了就要全力以赴 …………… 074
3．良好心态，不要为了成功而不择手段 …………………… 077
4．守信者昌，成功打开人际关系的钥匙 …………………… 081
5．表里如一，成大事者都保留了自己的本色 …………… 085
6．实力不够，信义助你突出重围 …………………………… 089
7．守不住秘密的人，永远不会被当作可靠的自己人 …… 092

第五章　办事高效：没计划的人会被"计划"掉

1．事前计划，人生才靠谱 …………………………………… 098
2．"拖延"是成大事的绊脚石 ……………………………… 101
3．别犯懒，负责的人都是主动做事 ………………………… 105
4．克服拖沓，盯住目标立即行动 …………………………… 110
5．结果导向，重视结果弱化过程 …………………………… 114
6．不乱阵脚，成功人士的王者风范 ………………………… 118
7．管住情绪，别让脾气害了自己 …………………………… 122
8．想成大事，得先能熬得住 ………………………………… 126

第六章　结果导向：办成事才靠谱，炫耀能力难成大事

1．做可托之人，别人才敢委你重任 ………………………… 130
2．有自知之明，理性评估自身能力 ………………………… 134
3．不懂礼仪的人难登大雅之堂 ……………………………… 136

4．对症下药，提高临场应变力 …………………………… 140
　　5．迂回攻克，从后方找到捷径 …………………………… 142
　　6．人际保温，千万别透支人情 …………………………… 145

第七章　口才出众：正能量的人都有一张靠谱的"嘴"
　　1．办成事儿不难，就一句话的事儿 ……………………… 150
　　2．靠谱的人话不多，但句句都是重点 …………………… 153
　　3．弹琴看听众，说话看对象 ……………………………… 157
　　4．别急着开口，说话前先琢磨对方心理 ………………… 161
　　5．太绝对的话往往不靠谱 ………………………………… 165
　　6．越无知的人越容易高谈阔论 …………………………… 169
　　7．别委屈自己，拒绝不靠谱的请求 ……………………… 172

第八章　内心强大：锻造自己，懂得对自己"狠"一点
　　1．别等了，没有绝对的万无一失 ………………………… 176
　　2．保持独立思考，才能更加接近真相 …………………… 180
　　3．果断并独立思考的人更能独当一面 …………………… 184
　　4．伺机而动，冒险是人的天性 …………………………… 188
　　5．做个行动派，梦想再大不行动也实现不了 …………… 191
　　6．当仁不让，机会面前强势出手 ………………………… 195
　　7．有实力的人更有底气 …………………………………… 199
　　8．别让不好意思害了你，必要时要学会"狠心"拒绝 …… 203

第九章　高情商：迈不过"离谱"这道坎，就只能做负能量的小人物
　　1．按正常的思维模式考虑问题 …………………………… 208
　　2．坚持"入乡随俗"，做事更可靠 ……………………… 212
　　3．懂点人情世故，办事更加正能量 ……………………… 216

4. 按规矩办事最受欢迎 …………………………………… 220
5. 换位思考，让理解取代偏见 …………………………… 224
6. 别意气用事，该装傻的时候就装傻 …………………… 228

第十章 低调做人：正能量不摆谱，更容易成大事

1. 身段越低的人地位越高 ………………………………… 234
2. 高调做事，低调做人 …………………………………… 238
3. 自我定位要正能量，没有金刚钻别揽瓷器活 ………… 241
4. 少搞形式主义，排场不等于面子 ……………………… 244
5. 做个实干家，投机取巧最负能量 ……………………… 247
6. 自大，是一种毁灭 ……………………………………… 250
7. 不因一时的胜利放弃继续成长的机会 ………………… 254
8. 别太逞强，每个人都有脆弱的时候 …………………… 258

第一章

成功定律：靠谱的人赢得出彩人生

> 在这个世界上，担任重要职务、取得巨大成就、在业内有影响力的，大多是靠谱的人。他们勇于负责、敢于争先、善于创造，由此成为时代的骄子，也引领着时代精神。

1. 失败的人，80%是因为不靠谱

生活中，许多人不靠谱，在关键时刻不值得依靠，结果其有着失败的人生，难以有所成就。通常，不靠谱的人往往有一个共性：爱卖关子，说话拐弯抹角，显得自己很有学问。与别人交谈时，他们喜欢吹牛皮、炫耀自己能力出众。外出聚会时，他们喜欢打肿脸充胖子，死要面子活受罪。在做人做事方面，不靠谱的人刚愎自用，不信任他人，做一些不着边际的事情，很难有所作为。

不靠谱的人即使有能力，有资本，却往往难以有所建树，更多的时候都是在失败中度过自己的一生。小王是一位资深导演，人很聪明也很有能力，周围的人都很看好他。但是奇怪的是，他这么多年来一直都在原地踏步，事业上毫无惊人之举。

小王自己也极为困惑，怎么自己这么优秀的条件就是做不出成绩呢？当局者迷，旁观者清，小王的朋友们说："小王哪儿都好，但就是有一个毛病，爱承诺，同时又爱忘记自己的承诺，给人一种不踏实的感觉。"说起小王不靠谱，这样的例子就太多了。曾经有一个朋友要去参加一个重要会议，但是孩子又没人照看，无奈向小王求救。小王当即答应了下来，但是当朋友准时应约赶到碰面地点时，却左等右等不见小王出现。过了一个多小时后，朋友打通电话，原来小王早已把约好的事情忘得一干二净。

还有一次，某企业找到小王要拍广告，广告的难度颇大，既要突出企业的文化内涵，又要突出新产品的特性，希望能够一炮打响。小王只想着借此机会大展身手，却忘了自己的能力界限，他拍着胸脯接下来，答应一定会提前完成。但事实上，广告的难度大大超出了小王的能力范围，在最后期限内，他也没能提供一个完美的作品。时间一长，大家都知道小王是一个不靠谱的人，所以找他办事的人越来越少。最后小王不仅没能出人头地，还遭遇到发展瓶颈的尴尬局面。

人应该是说一不二的。对别人的承诺一定要兑现，办不到的事情千万不要答应，与其失信于人，不如让人对你别抱希望。既然做不到，就不能一口答应，否则无路可退的是你自己。

不靠谱的人终将失败，因为他们缺乏应有的责任、意志来应对这个世界。面对"不靠谱"的人，人们总是抱有戒心。经验告诉我们，为了避免出现错误，要尽可能地远离这些不靠谱的人，让自己走在靠谱的成功之路上。由于众人的疏远，"不靠谱"的人失去了他人的帮忙和扶助，无法获得优秀的资源，自然而然就一步步走向失败。

在如今这个浮躁的社会中，在信任危机频发的社会中，做一个值得依赖的人显得尤为重要。一个人能够让人信赖，值得别人托付重任，足以彰显他的价值。而没人在意你，不向你寻求帮助，则表明你不值得倚重。

那么，什么是"靠谱"呢？"靠谱"的人又有什么特点呢？其实，看看生活中那些有所成就的人就可总结出"靠谱"的要义。"靠谱"的人，思维和行动上都有一致性，他们能够提前规划出下一步行动的方向和步骤，提早设计出一幅蓝图。与"靠谱"的人一起做事，身边的人心里踏实，不会觉得担忧、焦虑，"靠谱"的人是可信赖的伙伴。

"靠谱"的人在心智和能力上都有相当成熟的表现，他们做事做人落落大方，从不耍花招、使手段，也从不刚愎自用，不会拒绝他人的合理意见和建议。他们能够审视自身的弱点，借鉴他人的长处，在成长中迈向成熟。此外，"靠谱"的人很少说一些空话、大话，他们说到做到，并且能够尽自己的全力出色地完成任务，让身边的人放心。而这一切，都是成大事的关键。

生活中，我们无法做到事事满意、人人喜爱，但是仍要在成功的道路上尽力而为，在一番辛劳之后让人看到你的责任心、忍耐力、忠诚度。有了这种可靠的潜质，那么你就会成为值得信赖的人，成为可以倚重的伙伴，这样就会迎来无数机会，让自己的人生舞台无限宽广。从某种意义上说，一个靠谱的人实际上已经掌握了成功的要义，而胜利的降临只是时间的问题。

做人正能量

靠谱和不靠谱只有一线之隔，靠谱的人从来不需要用言语或行动来证明，也不会成天在嘴上说着自己如何靠谱。言行不一的人注定会失去众人的信赖，一次次的信任危机终将把人打入无底的深渊。那么，在生活中，如何做一个靠谱的人呢？

首先，做真实的自己。不用他人的观点和评价来左右自己的人生，不为了他人的喜好来改变自己的人生轨迹、制定自己的道路。

其次，勇于表达出自己的观点和看法，敢于直接提出自己的要求和建议。有时候面对棘手的问题我们会选择沉默，而沉默则代表着默认和接受，若兑现不了则必将失信于人。所以，勇于表达自己的观点和看法，适当地展示出自己的弱点，能免去不少麻烦。

最后，君子一言，驷马难追。对待自己承诺过的事情就要认真、用心去做，绝对不敷衍了事。想要做一个靠谱的人，就必须学会一言九鼎，让人觉得自己是一个有担当、有能力的人。

2. 成就大事业，从"靠谱"二字开始

每个人的心中都有一个成就一番大事业的梦想。在雄心壮志的驱动下，他们渴望成功，希望能够走上人生巅峰。但是，空有抱负绝对不行，做人做事不靠谱一切都是白搭，最终只能一败涂地。古往今来，想要成就大事业，首先要成为一个可靠的人。

现代人喜欢用"靠谱"来评价他人，"谱"是音乐的符号，也是演唱的依据。一首乐曲的形成依赖于"谱"的制定，演唱者依"谱"而歌，必须循规蹈矩，如果自己随意发挥，不按套路出牌就会"离谱"，造成跑调，让人听觉上得不到享受，甚至是一种折磨。同理，做人也要遵循一定的原则，让人接受、认同你这个人。因此，"靠谱"的人往往是那些"行得正"和"靠得住"的，这样的人容易赢得他人的信赖和支持，有了众人的帮助离成功也就不远，成就大事业也会水到渠成。

早年，王某生产塑胶花，曾有一位外商希望大量订货。不过，对方有一个条件，必须有实力雄厚的厂家作担保。这对白手起家、没有任何背景的王某来说，无疑是一个严峻挑战。

王某硬着头皮，上门求人为自己担保，最后磨破了嘴皮子，还是一无所获。看来生意要泡汤了，他只得对外商如实相告。

外商被王某的诚实打动了："说实话，我本来不想做这笔生意了，但

是你的坦白让我很欣慰。可以看出，你是一个诚实的人。诚信乃做人之道，也是经营之本。所以，我相信你，愿意和你签合约，不必用其他厂商做担保了。"

不料，王某却拒绝了对方的好意，他说："您这么信任我，我非常感激！可是，因为资金有限，我确实无法完成您这么多的订货。所以，我还是要遗憾地说，不能跟您签约。"

这极富戏剧性的变化，让外商大为感慨，他没有想到，在"无商不奸、无奸不商"的商场里，还有王某这样诚实的人。于是，外商当即决定，即使冒再大的风险，也要与这位诚实做人、品德过人的年轻人合作一把。最后，外商预付货款，帮助王某做成了这笔买卖。

遇到困难就马上退缩、逃避，这种不敢担当的人无法应对纷繁复杂的世界，也就无法成就一番功业。

一个靠谱的人在面对困难时不会马上抽身逃跑，面对艰险不会若无其事地离开。在逆境面前，靠谱的人总是会迎难而上，勇敢果断地与之拼搏。因而，"靠谱"是成就大事业的第一要素。

许多人评价马云，都会称赞他是一个靠谱的人。回忆起21世纪初的那场互联网危机，马云曾经感叹："那时候我就想，即使失败了，也要做最后一个倒下来的人。即使是跪着，我也要最后一个倒下。那个时候大家都很困难，但我相信，比我困难的人大有人在。我难过，对手比我更难过，熬到最后的人就是赢家。"

面对困境，马云没有退缩，而是艰难地熬过了那段苦日子，成为团队可依赖的领导、成为客户倚重的伙伴。风雨之后便是彩虹，靠谱的人就像风筝一样能够逆风而上，比他人更容易适应环境，从而在人生激烈的博弈中赢得先机。

做人难，做一个成功的人更难。太阳每天东升西落，日子照样要过，但是想要在平凡中创造奇迹，就必须做一个有担当的人。那么，该如何成为一个勇于负责的人呢？

首先不要躲避压力，遇到困难不要逃避。生活中的压力让人难以承受，但是转念一想，那些温室里的花朵如何能经得起风雨的洗礼？那些负责、有魄力的人非但不会逃避压力，还会主动创造压力，正所谓"安逸使人消沉，逆境使人奋进"。除此之外，遇到困难绝不能撒手不管，任其发展。问题暴露出来了，首先要积极地寻找解决办法，从多个方面加以考虑和分析，找出最佳方案，一举攻破。

其次，凡事能够主动承担，能够兑现自己的承诺。生活就是一场戏剧，但是绝对没有彩排，你也无法知道周围有谁在观看、旁听，因而我们要时刻注意自己的言行举止。想要成就大事业，就不应该推卸自己的责任，既要忠诚于自己的使命，又能够兑现自己当初的誓言和承诺。主动承担责任，在不断的历练和磨难中增长自己的才干，才能不断提升自我，在积累经验中成勇挑重担、大有作为。

最后，靠谱的人绝对不说谎、不吹牛皮。他们清楚地知道自己的能力，他们深知夸下海口所要付出的代价。与其失信于人，使自己的谎话被戳穿，让自己的信誉荡然无存，还不如及时地表明自己的立场，真实地展露自己。

做人正能量

靠谱，是一个优秀、成功的人必备的素质，代表着一个人应有的胸怀，也是一个人赢得成功的利器。一个靠谱的人，时刻懂得严格要求自己，彻底坚守自己的人生信条，他们拼搏进取，绝对不轻言"放弃"二字。

人生之事十有八九不如意，社会的不公平，生活的不如意往往使人灰心丧气，但也只有历经波折的人，才能最终生存下来。一个靠谱的人必定能够历经风雨，以积极进取的姿态出现在世人面前，在柳暗花明中迎来人生的别样洞天。

3. 阿Q精神：不靠谱的人都爱说如果

生活中，很多人都喜欢用"如果"来掩饰自己的过失，想要蒙混过关。"如果我是他，我肯定做得更好""如果我有他那样的条件，我早就成功了"，这些是许多人的口头禅。他们遇事总爱找借口，用"如果"来掩饰自己的缺陷。他们总是爱逞口头之能，却不愿意付诸行动，无法成为行动上的巨人。

不靠谱的人爱说如果，爱找借口，这恰恰是无能的体现。总是把"如果"挂在嘴边的人让人难以信服，而找借口本身就是一种令人鄙夷的恶习。出现问题时，不积极地去解决，而是千方百计找借口搪塞过去，用一些花言巧语来掩盖自己的过失。看似合情合理的借口只能暂时换取他人的谅解和同情，但是长此以往，周围的人就会发现，你总是依赖借口，不去努力突破困局，注定给人留下无能、不可靠的印象，最终与成功的机会失之交臂。

张亚东是一名刚毕业的名牌大学学生，所学是热门的新闻专业，因而找工作的时候没有太多的波折，顺利进入北京一家知名的报社工作。身边的亲戚朋友都认为张亚东前程似锦，但是他却没有像众人预期的那样充满信心和雄心，而是整日懒散、游手好闲。这都归结于他大学四年来培养的坏毛病——做事不认真，遇到困难总是喜欢找借口，习惯推脱责任。刚开始上班的时候，同事对他的印象就不怎么好，久而久之，张亚东的毛病愈加突出。上班经常迟到，出去采访新闻的时候总是丢三落四，领导只能找他谈话，下了最后通牒。

这一天，报社里忙得热火朝天，一位热心观众突然打电话，说某个地方发生了重大事件。此时，报社里腾不开人手，领导只好派张亚东只身前往采访。但是，没过多久，张亚东就回来了。领导上前询问采访的细节，张亚东却说："路上太堵了，距离又那么远，我还拿着这么多器材，又没有车，赶过去已经散场了。"领导听完大为恼火："北京的交通是很糟糕，今天报社也的确是很忙，让你一个人去采访是想你锻炼一下，你不要找这些借口。"

张亚东急得满脸通红，还不断争辩："如果我有辆专车，自然会及时赶到现场；何况身上有这么多器材，如果给我配几个助手，肯定能完成任务。"领导听罢，更是火冒三丈："既然这样，你还是另谋高就好了，我不想看到员工完不成任务，反过来却有一堆借口和理由。好了，这件事情没有商量的可能了，没有那么多'如果'。"

就这样，爱找借口的张亚东失去了前程似锦的工作，给自己的职场生涯提前画上了一个句号。其实，无论事情大小，一旦接到任务后就要坚定地去完成，即使遇到困难，也要想办法克服，确保令各方满意。

在我们身边，类似张亚东这样的人很多。每当困难来临时，他们总是马上退缩，而当别人询问事情的进度时，又喜欢找出各种各样的借口来搪塞。结果，不仅给人留下了不敢担当的形象，还制约了个人能力的提升，彻底成为大家眼里不靠谱的人，终究一事无成。

靠谱的人懂得找方法解决困难，不靠谱的人只懂得如何找借口来掩饰自己的过失。显然，如果不懂得如何发挥自己的潜能，不去努力地寻找解决问题的有效方法，每天浪费时间去寻找借口，这种自欺欺人的阿Q精神无疑是成功路上的拦路虎。

在工作中，面对难以完成的任务，面对接踵而至的繁杂状况，那些不靠谱的人总是会用时间不够、他人不够配合等各种各样的原因来掩盖自己不努力的真相。表面上看，他们好像确有难言之隐，但是即便有客观的困难，也不能把它们当作自欺的理由。最重要的是，我们不能在潜意识里给自己的失误寻找借口，而将过失推脱掉。显然，思想上存在着致命缺陷，那么产生不靠谱的行为也就不足为奇了。

生命的意义在于奋斗，而在成功人生的字典里，"如果"两个字是看不到的。因为，坚强的人总是鼓足勇气去拓展人生的舞台，他们不会在困难面前懦弱无能，更没有时间找借口。事实上，成功是一步步实现的，而不靠谱的人会在找借口的恶习中把自己一步步推向失败的深渊。于是，寻找借口只能造就平庸的人，他们一生都处在黑暗之中，难以见到光彩。

总之，一个真正的成功者、一个靠谱的人是拒绝找任何解释和借口的。不管面对什么样的艰难处境，他们都不会选择退缩和逃避，而是以自己的信心、勇气及全部的努力向一切困难挑战，最终成为一个真正的强者、成为自己的主人，主宰自己的灵魂和命运。靠谱的人，才值得真正拥有一切。

做人正能量

每个人并不都能拥有坚毅、勇敢的性格，每个人的心中还隐藏着一颗"堕落的种子"，那就是好逸恶劳，推卸责任。遇到突发状况时，人们总是本能地把好事往自己身上揽，把坏事撇得一干二净。其间，有的人能够抑制住"堕落的种子"发芽，在不断的成长中严防死守，成为一个靠谱、敢于担当的人。而有的人，则只能受堕落的支配，成为一事无成的失败者。

生活中，许多人之所以平庸无为，原因就是遇事找借口。反正所有的失败都有借口，于是，他们便在一个个借口中开始沉沦，得到解脱，得到一种阿Q式的精神快乐，但这样只能让他们更加平庸！世上没有如果，那都是我们凭空想象出来的，想要成就一番事业，就要抛开种种幻想，脚踏实地，这样才能一步步接近成功的彼岸。

4．巴纳姆效应：清醒地认识自己是靠谱的前提

在心理学上，巴纳姆效应表现为一个人容易相信"一个笼统的、一般性的人格描述特别适合自己"。尽管这种描述可能十分空洞，没有具体的意义，但是我们仍会认为这种描述反映了自己的人格面貌，即使你根本不是这种类型的人。显然，为了避免巴纳姆效应的侵害，我们必须清醒地认识自己，从而在客观自我认知基础上创造成绩并有所成就。

日常生活中，人们使用最多的一个字就是"我"，然而能够清醒认识自我的人却很少，相当多的人在自我认知的道路上迷失了方向。俗话说，"知人难，知己更难"。在认识自我的过程中会面临相当多的困难，然而认清自我作为人生的第一步，无论如何都不能有失偏颇。诚然，一个人只有对自己的品德、能力、性格，以及特长、爱好、优缺点都了如指掌，才有可能找到准确的人生方向与奋斗目标。

森林里有一只不可一世的狐狸，总以为自己是这里最强大的动物，甚至以森林之王自居。一天下午，狐狸独自在林间散步，忽然发现自己的影子非常高大，这个发现令他欣喜若狂，由此更加不可一世。正在狐狸得意忘形之际，一只老虎逐渐靠近它。按照常理，狐狸此时应该是立刻逃命，但是它一点儿都不害怕。随后，它把自己的影子和老虎的影子一起比较，发现比对方高大许多，于是毫不理睬老虎的怒目而视，仍旧趾高气扬。老

虎见状，一跃而上，瞬间把得意忘形的狐狸咬死了。

弱小的狐狸怎么能和强大的老虎相比，正是因为它不能清醒地认识自己，才断送了性命。生活中，有时候我们又何尝不像狐狸这样目中无人呢？一个人不能清醒地认识自我，整天活在自己的世界里，得意忘形，享受幻想出来的情境，怎能办成靠谱的事？任何时候，一个人只有公正、客观地认识自我，从幻想中及时抽离出来，才能在人生舞台上有所成就。

某位著名企业家在回忆录中记下了这样的一段经历，他在童年时十分贪玩，在学校成绩也不好，经常是班级的倒数几名，母亲为此忧心忡忡。尽管家人再三劝导，但是他根本不当回事。直到有一天，父亲讲了一个故事，他才洗心革面，奋发图强，由此踏上成功之路。

那一天，父亲和邻居叔叔一起清扫家中年久的大烟囱，里面有扶手可以攀爬。于是，两个人一前一后，抓着扶手一阶一阶往上爬，花了一个上午的时间才把烟囱里里外外都清扫干净。往下走的时候，邻居叔叔依旧走在前面，父亲跟在后面。当他们钻出烟囱的时候，两个人发现了一件奇怪的事情：邻居叔叔的身上、后背、脸上都被烟囱里的烟灰蹭黑了，而父亲身上却是干干净净的，一点烟灰都没有。

两个人看着对方，做出了不同的举动。父亲见邻居叔叔身上这么脏，心想自己一定和他一样，脸肯定脏得像个小丑一样，于是马上跑到附近的小河旁边洗了一遍又一遍。而邻居叔叔看见父亲身上干干净净的，以为自己肯定和他一样，于是只是洗了洗手便走了。结果，在回家的路上，邻居叔叔的样子着实让街上的人笑破了肚皮。

听到这里，他和父亲哈哈大笑，但是父亲马上郑重说道："其实之所以发生这样的事，就是我们没能清醒地认识自己。任何人都不能成为你的镜子，只有自己最了解自身的不足。拿别人来做参照，白痴也会以为自己是天才。"听罢，他陷入了深思，之前自己就是看到周围的人成天游手好闲，不好好学习，自己才学着他们的样子，多亏父亲及时提醒，否则真的要毁了前途。

无数事实证明，一个人能够清醒地认识自己，才能看到自我真实的一面，无论做人做事都会变得圆满起来。否则在自我中迷失方向，他的人生会惨不忍睹。那么，如何才能清醒地认识自己，做一个靠谱的人呢？

首先，要真实地面对自己。人无完人，面对自身缺陷，或者认为自己有缺陷，如果通过各种方法把自己掩盖起来，那是万万不可取的。人，应该敢于正视自我，并有所担当，即使自己有各种不足，也要学会坦然面对，勇于接纳自我。一个人做好真实的自己，那么他就成了可靠的人，才会有成就自我的基础。

其次，要培养敏锐的判断力。人的判断能力是在不断成长中培养出来的，一个成功的人必定会有敏锐的判断能力，能够审时度势，抓住机会，判断是非。生活中，很少有人天生就拥有某种特殊的技能，也不会有人一出生就拥有明智的判断力。实际上，判断力是一种在收集信息的基础上进行决策的能力，信息对于判断的支持作用不容忽视，没有充分的信息收集，很难做出明智的决断。一个有所成就的人会十分关心收集与自己有关的各类信息，借此预见未来的发展方向，以及可能取得的成就，并及时做出策略性改变。

做人正能量

成功的人知道自己未来的发展方向，为了实现目标绝不会就此罢手，在没有达到目的地之前更不会停下脚步。对每个人来说，清醒地认识自己，首先要拒绝自欺，这是靠谱的前提。连自己都欺骗的人，他的身心都没有着落，不知道去哪儿，遇到困难时必然手足无措，无法闯过一个个难关。

清醒地认识自己，而后意志坚定地向前走，内心就会有巨大的安全感，并在心中产生明确的目标，始终朝着这个方向前进。这样的人即便遇到困难，也会通过不断尝试往前闯，直到成功那一刻来临。

5. 吹牛皮现象：话说得太圆满，会让自己下不了台

人都好面子，在公众场合尤其希望自己成为众人瞩目的焦点。问题是，本身没有太大的资本足以撑起脸面，却要讲一些空话、大话，那就太不靠谱了。通过吹牛皮来赚取面子，这样的事情并不少见，关键是把话说得太过圆满，把自己吹嘘得太过完美，很容易适得其反，乃至最后下不了台。

有时候，人为了撑起自己的脸面，不惜夸下海口吹嘘自己曾经以一敌三，打得某个身材壮硕的人满地找牙。别人说你没钱，于是你便四处招摇，明明是一个普通上班族，却要打扮成一副"高富帅"的模样；别人说你没文化，于是也不管能否看得懂，赶紧在办公室里摆上一个装满书的书架，挂上几幅名人字画赶时髦，也附庸风雅一把；别人说你学历低，于是马不停蹄地花钱买了一个一般大学的高学历证书，甚至恨不得把证件拿出来展览一番……其实，狐狸再怎么狐假虎威，也始终不能和真老虎一样威风，与其东施效颦，在众人面前出尽洋相，倒不如做人实在一些更靠谱。

王明是一家企业的会计，在这个岗位上已经工作了两年多，自认为精通业务，熟悉财经法规的各项条例。听说最近某财政局招聘工作人员，王明便跃跃欲试，准备跳槽到更好的单位。

报名之后，很快就进入到面试阶段。不过，他并没有做好充足的准

备，认为凭借自己的工作经验就足以对付面试官了。面试当天，考官问："在你当会计的这几年中，业务上是否出现过差错。"王明没有经过丝毫的考虑，便大言不惭地说："我当了两年的会计，大大小小的账目处理了几百笔，从未出现过任何差错。"

王明的这一番话引起了面试官的极大兴趣，随后双方交流了有关财务管理方面的问题，甚至还拿出了账目让王明查看是否有错漏。这一下，让王明万万没有想到。自己刚刚夸下的海口，结果在实际问题面前露出了马脚。面对考官的几个问题，王明支支吾吾地答不上来，只好硬着头皮说自己不了解。最后的结果可想而知，王明没能通过这次面试，还在考官面前出了丑。

由王明的例子可以看出，在自我介绍的时候，说话要切实际，不可吹牛皮。如果凡事都习惯说一些不着边际的空话、大话，只会给他人留下不靠谱的印象，又怎么能赢得信任，甚至有一番作为呢？

小张在一次面试中也有着同样的遭遇。考官问小张："你是学中文的？"小张："对，除了中文专业之外，我还辅修了一些管理学的课程。"考官问："那么你认为自己的专业知识能够用在这个职位上吗？"小张说："环境保护是关系到可持续发展的大事，我平时积极自学这方面的内容，比如环境噪音监测等。"考官又问："嗯，那么你说说，日常生活中什么样的声音是噪音呢？"小张此时被问住了，支支吾吾地不知该如何作答，"这个，噪音不就是很吵的声音吗！"

其实，小张从来没学过任何关于环境保护的知识。他说的那番话不过是为了吸引考官的注意，却没想到成为自己面试道路上的障碍。可见，人为了给自己增加亮点，总是会说一些不着边际的言辞，而这些吹牛皮的话往往会自断退路，让自己下不了台。如果连说话办事都不让人放心，给人不着边际的印象，那又如何稳妥做事，一步步接近成功的目标呢？

人好面子情有可原，但是说话前请三思，当自己毫无根据地吹牛皮时，是否感觉到自己像是一头疯牛呢？没有缘由地吹嘘自己的能力，说得天花乱坠，却把自己置于高高的台阶上难以下来，这不是本事大，而是浮夸做派。因此，生活中切不可把话说得太过圆满，一定要给自己留下回旋的余地，成为他人眼中值得信赖的人。

此外，在评价人和事的时候，也要避免过早地下结论，与他人沟通时不把话说得太过绝对。诸如"这个人真是没用，一辈子没出息""这个人一看就不是什么好人"之类的话，话一出口便容易招致祸患，在对方心中种下了仇恨的种子。与人交谈时要注意方式，能言善辩的人让人叹服，但满口胡言乱语、毒舌满腹的人总是让人厌烦。所以，注意说话方式，给人留有余地才会赢得对方的好感。经验告诉我们，给对方留足面子，也是给自己留条后路。

总之，人要想成就事业，在说话上务必要谨小慎微。毕竟，说话也是一门学问。凡事考虑周全，留有回旋的余地，总能让自己留有退路。其实，生活中很多尴尬都是因为一张不靠谱的嘴造成的，吹牛过火，让人听了生厌，甚至心生芥蒂，这样的人不可能有出息，无法有所建树。

在日常交往中，没有人喜欢那些空话连篇的人，他们只会逞口头之能，吹得天花乱坠，但实际行动却一再迟疑。久而久之，周围的人都会对这种人产生华而不实、不靠谱的看法，也不会有人愿意与之合作共事，更别提能够成就什么事业了。因此，少说废话多做事，做人保持低调的本色，自然会在默默行动中成就一番事业。显然，用实际行动来证明自身的价值，这比在口头上吹嘘自己的能力更有奇效，人们看到你的成绩，自然记在心里，这些触手可及的东西值得信赖，是可靠的评价依据。

人在社会中行走，一定要切记"话不要说满，事不要做绝"，这些深刻的道理往往是先辈们通过血淋淋的事实总结出来的。在人际交往中，把事情做绝，把话说满，让别人没有余地，那么你就没有机会了。成熟稳重的人在处理事情上不会下狠手，不会做出冲动之举。无论双方的矛盾有多深，都不会说出诸如"势不两立"的话，否则即使日后有合作的机会，双方也难以敞开心扉开心地合作下去。因此，说话注意分寸，留有余地，成为众人眼中的可靠人士，那么你的人生舞台就会变得更加宽广。

做人正能量

很多人向来都不善言辞，在说话上需要不断地锻炼和学习。那么，如何正确地说话，把握好分寸，给自己留有余地呢？

首先，在与人交往中，能够运用不确定的语句。比如，对别人的请求最好不要用"保证"等词语，而是尽量采用"尽力""试试看"等有余地可回旋的词语。这样可以降低对方的期望值，如果不能顺利地完成某件事情，对方也能谅解、原谅你，而不会产生不满的情绪。

其次，话不可说过头，违背常情常理。靠谱的人说话办事都会一切从实际出发，从自身的条件出发。凡事都要遵循一个度，说话时更要时刻谨记自留余地，做到"进可攻、退可守"。凡事不要把话说得太过绝对，即使面对有十足把握的事情，也不能把话说得太过圆满。事实上，太绝对的话总是有纰漏的，而人们往往喜欢在鸡蛋里挑骨头。一旦下不来台，这无异于作茧自缚。

6. 自强优势：比靠山还可靠的，是让自己有价值

不想当将军的士兵，绝对不是一个合格的好士兵。同理，一个不想自强自立的人绝对不是一个合格的人才。对自己的要求不一样，生命的价值也不尽相同。如果只满足于老婆孩子热炕头，那么这样的人永远都不会有出息，更不会有出头之日。一个仅仅以赚钱养活老婆孩子为目标的人，一辈子都只固守在单一的岗位上拼命地劳作，生活更是毫无光彩可言。在成功者的世界里，自强独立是最靠谱的活法。

做一名成功者，成为众人眼里靠谱的人，首先要让自己变得有价值。事实上，人对自我要求的高低，决定了其事业空间的大小。看看历史上那些功成名就的人，他们都对自己有着更高的要求，在不断的历练中提升能力、增加智慧。遇到困难时，他们从来不轻言放弃，从不宠着自己，不怕苦，不怕累，敢于吃苦，在他人看来就是和自己"过不去"。也正是因为如此，他们磨炼了一副金刚不坏之身，做出了意想不到的业绩，在成功之路上成为最靠谱的人。

李嘉诚早年从一个茶楼跑堂做起，经过多年的奋斗终于成为华人首富。这种巨大的跳跃让人惊讶，但是当我们了解李嘉诚在其中付出的努力之后，就觉得这一切尽在情理之中了。李嘉诚每天在茶楼要连续工作15个小时，条件异常艰辛，从凌晨5点起床为客人准备茶水早点，到晚上茶楼

打烊时还得清理垃圾杂物。

艰辛的工作没能使李嘉诚退缩，反而使他更加珍惜这种学习和成长的机会。在繁忙的工作中，他细心地捕捉每一个可能有价值的信息。在茶楼工作的日子里，李嘉诚每天都能见到不同行业、各色各样的人。通过交流，这个年轻人对社会和世界有了最真切的了解。当时，茶客们旁征博引，谈古论今，单纯的李嘉诚发现这一切都和先父老师们讲得大相径庭，都是前所未闻的观点。一时间，他沉寂的内心突然激起了波澜，突然意识到自己绝对不能一直屈居在这个小茶馆中，这不是真正属于自己的地方。他迫切地希望能到外面的世界走走看看，去外面的世界闯荡，实现人生未尽的梦想。

为了能够走出去，李嘉诚开始不断地提升自身的价值，开始暗暗地观察茶楼里的人们，首先根据茶客的特征，揣摩他们的职业、年龄、籍贯等，然后在闲谈中进一步去验证。在不断的观察总结中，李嘉诚逐渐掌握了茶客的爱好和消费习惯，每次都能投其所好。有时候，客人还没有开始点单，他就知道茶客们要吃些什么了。

结果，李嘉诚这样的本领深得客人好评，也收获了老板的青睐，由此成为十分出色的堂倌。这套本领极大地提升了李嘉诚的个人价值，也成为他日后辉煌事业的基础。李嘉诚从一个默默无闻的堂倌一跃成为著名的商人，其间的努力和付出让人佩服，这种自强意识与努力让他牢牢把握住了个人命运，于是有了辉煌的商业成就。

事实上，李嘉诚最初也是一个普通人，并非天生就是优秀的经营者，他高超的商业本领源于对自己的严格要求和不断提升。在日复一日的磨炼当中，自强的努力迸发出巨大威力，让他有足够的资本到达商业巅峰，成就了令人瞩目的人生奇迹。

和李嘉诚一样，香港"牛仔裤大王"马介璋也是一个懂得不断提升自己的人。当年，他在上班的第一天便被辞退，于是从那一刻起就下决心将来出人头地，开办一个属于自己的工厂。在找到第二份工作的时候，马介璋吸取了第一次的教训，对自己提出了更为严格的要求。每天，他学习各种剪裁技术，提高工作技能，坚持工作18个小时，很快就成为工厂中最熟练的工人，技术水平突飞猛进。两年后，马介璋拿着赚来的1500多元钱，开始创业。很快，他就建起了1万平方米的达成制衣工厂，这就是达成集团的前身。

人不能轻言放弃，在前进之路上要注重提升自我价值。须知，世上最稳固的靠山不是那些金银财宝，靠天靠地不如靠自己，只有自身的价值才是打不碎的铁饭碗。为了能够成就大事业，在提升自我方面要注意这样几点。

首先，做事全力以赴。世界上许多伟大的成功人士都是一些资质平凡的人，他们没有智商超群，也没有显赫的背景。他们之所以能够成就卓越，在于不断地努力，持续提升自我价值。好男儿志在四方，务必要珍惜每一次学习、成长的机会，在全力以赴做事中增加经验，为日后厚积薄发奠定基础。

其次，抛掉羞涩的外衣，练就强大心理素质。有些人爱面子，自尊心强，承受不住打击，因而总是离成功越来越远。心理素质差，难有大的作为。经验表明，心理素质好是人的一项优势，面对险恶的外部世界，怎能不修炼一颗强大的内心呢！

最后，把失败当作是人生的历练。想要有所建树，注定会遇到各种想象不到的困难、挑战，这都在考验一个人的胆识、气魄和头脑。为此，你必须敢于面对竞争，以持续不断的努力迎来胜利的曙光。俗话说，失败是成功的奠基石，人应该不惧失败，砥砺坚强的意志、增长办事的才干，时刻准备反败为胜。

做人正能量

人不应该躲在家中，守着父辈创造的金山银山而坐吃山空，起码这种日子不能长久，是靠不住的。人首先应该走出去，到外面的世界闯荡，提升自己的价值，创造属于自己的未来。即便你是一个"富二代"，有父母的庇护，也要懂得强健筋骨、开阔心智，练就一身本领，这才是终生的财富，是这个世界上最可靠的生存术。

这个世界上，只以成败论英雄，而成败的关键在于你付出了什么，是否具备强大的竞争优势。一个人才智卓著，在业内具备专业素养，自然可以借此顶天立地，成为社会的栋梁。在我们身边，那些功成名就的人无不是业内具备强大优势的顶梁柱和中坚力量。自强，让人有价值，也更有力量。

7. 相互吸引定律：靠什么赢得别人的好感

要想有番作为，需要有相当强的能力，除此之外还需要良好的人际关系。人际网络是取得成功的关键，是事业发展壮大的基础和助推器。一个人广结善缘，赢得他人好感，就能依靠丰富的社交关系打开局面，做任何事都能畅通无阻。

广结善缘，赢得良好关系，这是一个人闯荡社会的必修课。朋友之间最难得的就是患难与共，在患难之中见真情。每个人的人际网络中都需要知心朋友，不管是在你穷困潦倒之际，还是在你身价腾飞事业发达之时，你的挚交都能成为可以倚重的力量，撑起场面，为你加油打气。

刘龙和张明因为都喜欢登山而相识，他们有着共同的兴趣爱好，由此渐渐熟知对方，成为好朋友，而两个人之间的感情在一次关乎性命的意外中得到了升华。一天，他们约好一起去郊外爬山，路途中不断地交谈，但表面上都是客气地寒暄。到达山顶之后，他们四处眺望山下的美景，纷纷感叹大自然的奇迹和美好。

然而，意外就在此时发生了。刘龙只顾观赏风景，忘了正站在山崖的边缘，他只顾往前走，一不小心便一脚踩空，瞬间向山崖下跌去。还好，张明反应迅速，下意识地一口咬住了刘龙的上衣。当时，用手抓住刘龙已经来不及了，刘龙迅速抱住了旁边的一棵树。就这样，刘龙悬在半空中，张明也因惯性迅速靠近悬崖边，两人危在旦夕。

此时，张明紧咬牙关，无法张口呼救，而刘龙也不敢有太大的动作，否则两个人都会跌落下去。半个多小时过去了，张明依然死死地咬紧牙齿，而他咬住的可是一个100多斤的成年人，其难度可以想象。还好，一群游客经过，把他们从死亡的边缘救了下来。松了一口气的张明，牙齿和嘴唇早已被血水染得鲜红。

事后，大家问张明怎么仅凭牙齿就能咬住一个人，而且还能坚持那么久。张明羞涩地说："其实也没什么，因为我们是朋友，当时我心中只有一个念头，如果一松口，刘龙肯定就会没命。"听到这里，刘龙大为感动，从此认定张明就是自己一生最可信赖的朋友。此后，无论张明在生活上，还是事业上遇到了什么困难，刘龙向来都是大力出手相助，从来没有推辞过。有了刘龙的帮助，张明在事业上顺风顺水，两人之间的感情也愈加深厚。

生活中，做人就应该像张明这样，关键时刻充分显露本色，用真心待人。做人，扔掉虚假的面具，用真心、真情来赢得他人的好感，彼此之间同甘共苦，必然建立人际吸引，成为对方眼中可靠的伙伴。如果你身边多一些这样的朋友，那么想做任何事都不难，即便陷入事业低谷也容易得到众人鼎力相助，很容易逆势崛起。

中国人讲究互相提携，人与人之间的交往被放在了重要位置。建立可靠的合作关系，就拥有了强大的社会活动能量。当你睡着的时候，朋友能替你守卫；当朋友睡着的时候，你也能替他环顾四周，提供安全保障。总之，人和人之间交往就需要这种生死与共的态度，能够共同品尝辛酸快乐，在一起扶持帮助中，人生会增添更多快乐。有了这个优势以后，那么人生就多了几分胜算。为此，你首先要赢得他人的好感、信赖，与对方完成人际吸引的构建，成为靠谱的人。

今天，人的奋斗和成功离不开朋友的相助和扶持，单靠自己想要闯出一片天地已是非常困难的事情。许多时候，善用他人的帮助来给自己加油打气，是一种生存技能。良好的人际关系以及朋友的帮助是事业成功的关键，那么如何获得这样的帮助呢？如何吸引别人的眼光，获得好感呢？

首先，要找对可靠的伙伴，而后形成利益相关、互惠互助的关系。发展朋友关系，需要长期的时间、精力投入，因此从一开始就要找对人，避免以后吃大亏。显然，建立有价值的关系，必须精选伙伴，他们要可靠，值得你投资。而后，再发展利益关系才能有所收获，让你们的合作能经受住时间的考验，成为迈向成功的助推器。

其次，人绝对不能小气，务必慷慨大方。没人会愿意与小气、一毛不拔的人交往，人没钱不可怕，最可怕的是吝啬。俗话说，"有福同享，有难同当"，这是一种互助的做人之道。在朋友最艰难之时你能够挺身而出，伸出援助之手，自然容易赢得他人的感激之情。此外，遇事有见地、视野宽广，能够给朋友中肯的建议，这种大气魄也是发展朋友关系的重要参考因素。

总之，一个人必须通过真诚赢得信任，通过彰显自我价值，才能吸引他人与你交往，进而发展朋友关系。当你成为他人眼里可靠的朋友，自然容易建立互信与合作关系，完成利益上的共同跃进。

做人正能量

坦诚、真心是交往的关键，与人合作，更看重对方是否真诚，是否坦荡，这是进一步发展关系的基础。人的一生中，需要深交靠得住的朋友，唯有荣辱与共的人才是真正的朋友。当你把快乐说出来，对方也替你感到快乐，一份快乐转变成两个人的快乐；当你忧愁时向朋友诉说，你的忧愁将被分掉一半。

很多人都有所谓的"兄弟""哥们"，但是必须注意，这其中许多人往往是酒肉朋友，只能共享荣华富贵，无法做到患难与共。所以，在结交朋友的时候一定要擦亮眼睛，不要结交那些整天把"兄弟""哥们"挂在嘴边的人，因为他们只是把感情放在嘴上，不会放在心中。反之，你想成为他人心中可靠的朋友，也要展示真情实意，让对方消除戒心。

8. 身价优势：适度抬高自己的身价，学会包装自己

在中国的传统文化语境中，忍让、和气反复得到提倡。其实，这种处世的理念并不契合当下人们的生存环境。在效率至上、利益为先的背景下，一个人软弱退让代表着懦弱、无能，显然无法在社会立足。有时候果断推辞他人的要求，或者适度抬高自己的身价，反而能让人感觉你率直、有魄力。反之，对方提出一个要求你就爽快答应，凡事无须商量就能主动顺从他人的意见，久而久之他人自然不会把你放在眼里。也就是说，一个人太好说话就容易失去应有的尊重，乃至身价大跌。因此，学会适当"摆谱"会让你看起来更靠谱。

人为了不让自己"贬值"，就要学会抬升身价，学会适当包装自己。首先，你要有骨气。骨气是人的金字招牌，万万不可为了钱财、名誉等身外之物而低头。别人拿钱财来诱惑你，如果轻易答应对方的要求，还有什么尊严呢？凡事不能轻易屈就他人，必须在人格上具有一定的独立性。

面对纷繁复杂的社会，面对充满诱惑的世界，适当地学会拒绝便是一种骨气，它能让人堂堂正正地活着，在最艰难困苦的时候依然能够笑对人生，昂首挺胸；它能让人顶天立地，如青松般屹立在风雪中不倒。懂得拒绝、有骨气的人还能在一些场合提高自己的身价，让别人刮目相看。

东汉末年，正值天下大乱之际。在官渡大战后，刘备被曹操打败，只得投奔刘表。刘备胸怀大志，欲在乱世中成就一番功业，于是暗中积蓄

力量，寻找崛起的机会。当时，有一位名士叫诸葛亮，隐居在隆中一带，人们称之为"卧龙先生"。刘备听谋士徐庶说，诸葛亮是一名很有才能的人，如果得到他的大力帮助，得天下之事便十拿九稳了。听罢，刘备就下定决心邀请诸葛亮出山，帮助自己完成统一大业。

古人说，秀才不出门，便知天下事。诸葛亮也绝对不是浪得虚名，他早就料到刘备将会前来拜访，于是决定考验一下对方。当刘备带着关羽、张飞来到草屋时，诸葛亮只让门童到外面传话，说自己外出游玩，不知道什么时候回来。于是，刘备兄弟三人只好悻悻而归。

过了一段日子，刘备三人冒着风雪又来拜访，这一次诸葛亮又故意不予理会，只让门童传话说自己不在。刘备不知道真相，只以为诸葛亮真的不在家，只好留下一封书信，表明自己的诚心，希望诸葛亮能够出山，共同拯救国家危难。转眼过了新年，刘备又挑选了一个好日子，再次拜望诸葛亮。为此，他甚至吃了三天的素斋，又沐浴更衣。这时候，关羽看不下去了，气愤地说："我看这诸葛亮也不过是浪得虚名罢了，未必有真才实学，我们几次找他都不见，真把自己当成菩萨了吗！"刘备听罢不以为然，照例高高兴兴地来到诸葛亮的草屋。

这一次，诸葛亮决定正式面见刘备，不过没有马上出门相见，而是让门童传话说自己在睡觉。刘备三人只好在门外一直等候，等到诸葛亮醒来之后，才被邀请进屋。其实，诸葛亮对刘备前来早就有数，但他故意不见，就是为了抬高自己的身价。显然，如果刘备一次就能把自己请出山，也实在愧对了自己的高名，显得没有真才实学。诸葛亮的三次拒绝，有效地包装了自己，在无形中提高了个人身价，让刘备更看重他的才学。

在这个竞争激烈的社会，那些成功的人总是懂得善用策略，能够在必要的时候"自抬身价"，迅速拉开和周围人的差距，让自己凸显出不凡的特色。事实上，每个人都有一定的价值，但是你与他人的差距总是客观存在的。不可否认有人确实比你优秀、能力强，但是有的人与你资质相差无几，他们能够胜出往往得益于"自抬身价"的本事，从而充分彰显了自我价值。

其实，人们都有一种奇妙的心理，越是难得到的就越想要，越是昂贵的东西就越想买。因此，不妨满足他人这种心理，通过抬高身价成为众人眼里可靠的价值投资对象。其实，研究那些成功人士就会发现，自抬身价、适度包装是他们屡试不爽的策略，在真才实学基础上勾画人们心中应有的形象，本来就是成功的应有之义。

需要注意的是，在自抬身价的同时也要切记不能过火。如果刘备三顾茅庐诸葛亮还不出来相见，那么诸葛亮也就失去了价值。自抬身价也不能抬得太高，否则会摔得很惨。在包装自己的时候，一定要从实际出发，和自己的才能等值。如果自己只有60%的能力，那么千万不能把自己吹嘘成100%。吹嘘得太过火，只会让自己饱尝苦果。

做人正能量

在自抬身价的时候，不要随性而为，夸下海口，需注意以下几点。首先，坚持适度、适当的原则。所谓适度，就是不要过分抬高自己，把自己的能力吹嘘到了天上，别人听起来也会觉得不靠谱，你的身价不仅没能提高，反而大减。过分地自抬身价容易产生负面效应，给别人留下不良印象，甚至无法收拾局面。

其次，以身边的人做参照，根据大家的接受程度来抬高自己。人想要出人头地就必须比周围的人优秀，否则别人为什么要对你高看一眼？你又有什么资本让别人刮目相看？在自己能力足够的条件下，适当抬高身价而不令人反感，让自己能够鹤立鸡群，就算成功了。

最后，能够看准时机，选择最恰当的时候来抬高身价。如果你成天到晚都在吹嘘，把自己抬得很高，周围的人就不会再信服你。正确的做法是，当大家议论到你的时候，当有人准备邀请你去做大事的时候，就主动出击，并在这时候适当抬高身价，凸显自己的优势和能力。

第二章
尽职尽责：有责任感的人更容易成大事

> 失去了责任感，人就毫无价值可言。因为，没有担当，就无法赢得他人信赖，更不能在人生重要时刻赢得机会。扛起"责任"这个金字招牌，人才会充满魅力，在奋斗中实现理想，迎来人生的荣光。

1. "责任心"比"能力"更靠谱

责任心是一个人最值得称颂的品质，是一个人与生俱来的应该具备的道德底线。一个丧失了责任意识的人，遇事往往爱找借口，许多潜在的能量就失去了被激发和挖掘的窗口。正如社会学家戴维斯所说："放弃了自己对社会的责任，就意味着放弃了自身在这个社会中更好生存的机会。"

"责任"一词充斥在生活中的各个角落，所谓"责"，就是成事的标准；所谓"任"，就是担当、承受。"责任"是指人在做事的时候应该承担的一切后果。

生活中，人常常要扮演各种角色，并与周围不同的人发生着各种各样的关系。一个人几乎每时每刻都有需要履行的责任：对家庭的责任、对子女的责任、对工作的责任、对社会的责任……有无责任心，将决定一个人生活、家庭、工作、学习的成败。一个缺乏责任感的人，会失去做人的信誉和尊严，进而失去他人的信任与尊重，甚至失去整个社会的认可。所以，一个人的成就大小与他的能力强弱关系不是最重要的，但一定与他的责任感息息相关。

既然每个人都希望通过自身能量的释放为社会创造最大的价值，为自己争取更多的赞誉与尊严。可是，为什么到了关键时刻，很多人还是选择逃避责任呢？

其实，这有它的心理根源：

怕担责任也是人天性里的东西，是与生俱来的。因为人都是害怕被评判，害怕独立，害怕对自动、选择和欲望承担后果。哈佛大学研究员卡甘（Jerome Kagan）说："大约20%的人在出生时的神经化学特性，让他们容易对紧张的情绪和新奇的事物过于敏感。"也就是说，在人们的大脑中，当负责发出指令和管理恐惧情绪的部分过于活跃时，遇到这方面的任何信号都会让他们发狂。尤其当遇到需要重新审视自己的选择或接受他人评判时，他们就会条件反射般感到不安，并表现出逃避的本能，而且恐惧越大，表现就越强烈。所以，尽管人们总是在尽力避免不愿负责任的心理，但许多人还是免不了在责任来临时候逃之夭夭。

其次，不想承担责任也是掩盖自己懦弱无能的一种表现。下面，让我们看看小王的遭遇，就会明白其中的道理。

在公司里，小王处于执行部门，但是他特别恐惧承担关乎公司利益的重大责任。因此一遇到问题他就会推脱，甚至会找一大堆论据证明自己的无辜和委屈。在家庭里，小王是两个孩子的父亲，但是一旦孩子犯了错误，他总是把责任和过错都推到妻子的身上，还理直气壮地训斥自己的妻子。

其实，小王的行为不是为了证明自己很强，错误都是别人的。相反，他是在掩盖自己的无能或懦弱，工作里避开难度大的工作，是怕被别人发现自己的能力不足，所以干脆推脱。生活里，他害怕孩子教育不好而自责，所以把过错推给妻子，以求心安。

这恰好印证了那句话，"最害怕被别人指出缺陷的人，实际上总认为自己有缺陷"。这类人在潜意识里总是害怕自己不能成功地担起责任来，而打击到自己的自尊心和自信心。

了解了逃避责任的两大根源后，相信你也能对自己的逃避行为有一个理性、客观的认识了，你应该站在一个更高的层面上来重新认识自己的责任意识。

你必须知道,一个懂得尊重自己感情,尊重自己理想,珍惜自己宝贵年华和生命活力的人,都应当努力从责任出发来安排现实生活。学会克制自己本能的冲动,抵挡住外来诱惑,在复杂的环境中,在欢乐与痛苦的体验中,在成功与失败的冲击下,永远敢于担当。

美国总统奥巴马在就职演说中说:"这个时代不是逃避责任,而是要拥抱责任。"责任不是空想的产物,是人类文明进化的体现。在当今复杂的社会形态下,人仍然占据着社会的主动地位,自然也肩负着更大的责任,电影《蜘蛛侠》里有一句著名的话:"能力越大,责任就越大。"

其实,这句话反过来同样成立:"责任越大,能力就越大。"一个有责任意识的人会有超乎想象的能力爆发,责任感强的人会主动通过能力的发掘去更好地践行自己背负的责任。

做人正能量

穆尼尔·纳素说:"责任心就是关心别人,关心整个社会。有了责任心,生活就有了真正的含义和灵魂。这就是考验,是对文明的至诚。它表现在对整体,对个人的关怀。这就是爱,就是主动。"责任是上天赋予人的力量,是大自然给予人顶天立地的资本。

一个有责任心的人,必定是忠诚、敬业、热忱、主动,对工作、生活尽职尽责,把细节做到完美的人。在责任感的驱使下,人们会更加勇敢、坚韧、执着,会对未来充满信心。而这样的人不正是"最靠谱的人"吗?

2．没有责任感的人何谈立足社会

现实生活中，无论社会还是家庭都对人有这样的要求，必须具备应有的责任感，否则无法委以重任。一个有责任感的人才会让人信任，而这恰恰是一个人的魅力所在。无论做什么事情，都能给人负责的印象，那么你就会成为可靠的人，值得依附，从而具备了成功的基础。责任是一种担当，能让人放心。今天，当代人迫切需要这种精神来勾画自己的事业蓝图。

责任感是这个世界上最弥足珍贵的东西，它来自于一个人的灵魂深处，通过日常行为表现出来，折射出一个人的魅力和担当。许多时候，它能拯救失落的灵魂，让心灵充满生机、活力和纯洁、自由。拥有责任感的人必定是坚忍的，无论肩上的担子有多么重，都不会轻易地放下。拥有责任感的人必定是能吃苦耐劳的，他不会抛弃心中的使命，始终为了理想的信念苦苦奋斗。因此，当人开始走入社会，准备闯出一番事业，开创未来的时候，责任感相当重要。

韩斌最近几个月来很苦恼，先是找工作不顺利，接着在入职后屡屡碰壁。在最近几次公司的考评审核中，他因自身的问题排在了最后。更要命的是，最近公司的效益不好，内部一直流传着裁员的消息，如果继续这样下去，自己很可能会丢了饭碗。同时，老婆目前没有工作，回到家少了往日的嘘寒问暖，面对的是无休止的盘问和争吵。而远在老家的母亲去年患上了重病，自己又抽不开时间回去看望，心里一直很愧疚。几件事情交织在一起，着实让韩斌头疼不已，他想逃避，离开这个让人喘不过气的地方。

实在撑不下去的时候，韩斌就告诫自己挺住。不过，厌倦感很快又上身，他开始感到人生乏味，意志逐渐消沉，并且这种感觉愈来愈严重。在症状越来越明显的情况下，韩斌终于决定去看看医生。在对身体做了全面的检查后，医生并没有发现大碍。但韩斌一直不放心，最后医生建议他出去旅行、散散心，到自己少年时代最喜爱的地方度假。并且在度假期间，不要使用手机和网络，不要干其他令人焦虑的事情。然后，医生给他开了四张处方，并让他在度假那天的上午九点、十二点、下午三点和六点打开。

韩斌听从了这一建议，来到自己童年最喜爱的海滩边，在上午九点的时候准时打开了第一张处方，上面写着"仔细聆听"。看到这四个字，韩斌顿时懵了，难道让我坐在这里听三个小时大海的声音吗？尽管韩斌觉得医生的建议有些莫名其妙，但他还是这么做了。闭目聆听，听到了海浪的声音、鸟叫的声音，他逐渐听到了许多之前从未注意过的声音。韩斌一边聆听，一边想起小时候一些关于大海的故事，耐心、新生、胸怀、担当、责任……在这熟悉的声音中，他的心逐渐沉寂下来。

中午，韩斌照例打开了第二张处方，上面写着"回想过去"。于是，他在心中慢慢挖掘曾经的点点滴滴，想起那些快乐的往事，种种细节在疲惫的心中产生了一种温暖的感觉。在第三张处方上，韩斌看到"检讨、审视自己"。他陷入了沉思，回想起最近发生的一系列事情，往往起因都很简单，处理起来也很容易，但因为自己不愿意去面对，不愿意去承担，才会让情况越来越糟糕。就这样，韩斌终于找到了焦虑的原因，于是决定承担起应负的责任，而不是继续选择逃避。在第四张处方上有这样的文字，

"把烦恼写在沙滩上"。韩斌俯身用贝壳在沙滩上写下了几个字，然后转身而去，甚至连头都不回，因为他知道，潮水很快会来，烦恼即将消散。

韩斌最终决定承担起自己的责任，所以烦恼才会消散不见。一个有责任感的人，必定有清晰的人生目标和价值追求，所以能够承担起对家庭，对社会的责任。今天，很多人缺乏责任心，有的甚至抛弃妻子和家庭，只顾自己享乐。

一个人少了爱心、孝心、信心、上进心，责任感缺失，必将一事无成。因为责任心是一个人能够立足社会，成就事业的关键，在某种程度上说，责任心的有无及大小，决定了人生舞台的大小。

很多年轻人刚到社会上，刚刚脱离家庭的怀抱，面对竞争激烈的社会环境难以适应，甚至成家之后有了孩子，依然无法承担肩上的责任。这样的人在社会中并不少见，他们不求上进，好吃懒做，整日游手好闲，坐吃山空。靠着另一半和父母的工资、退休金生活，他们一度丧失了人的尊严和做人的底线，本事没有，脾气却非常大，出门就伸手向家里要钱，说两句话就开始斗嘴耍脾气。这样的人经受不住艰苦环境的磨炼，抵制不住灯红酒绿的诱惑。责任心对他们来说可有可无，甚至在他们的脑海里根本就没有责任两个字。显然，这样的人在社会中注定要被时代大潮击退，最终被淘汰出局，无法成为时代的轿子。

总之，人无论在成长过程中，还是变得成熟后，必须有责任心。须知，一个人立身、立业必须依赖于强大的责任感。高情商、高智商和高明的手段固然同样重要，但是如果少了责任意识，以及相应行动的能力，那么就无法得到他人的认同，也无法赢得被委以重任的机会，这就是不靠谱的人生。一个没责任心的人注定无法担当重任，又何谈魅力呢？

做人正能量

今天，人们习惯用责任心来衡量一个人的品质，这也是其是否成熟的重要标准。责任心体现在各个方面，它就像是一面镜子，能够折射出一个人的精神光芒，体现出人的独特魅力。

那些有所成就的人取得令人羡慕的功绩，其原因就在于有十足的责任感。有的人终日好吃懒做，玩世不恭，只知道贪图享受，遇到一点艰难险阻就选择逃避不见，试问这样的人怎能拥有美好的人生。一个有责任心的人，能够体会到工作和生活中的乐趣，把困境当作是磨炼个人意志的武器。他们值得钦佩、令人尊敬，凭借这份责任心，定能立足于社会。

3. 放眼全局，负责的人都有大眼界

古语有云："不谋万世者不足谋一时，不谋全局者不足谋一域。"负责的人拥有驾驭全局的能力，往往有大眼界。在纷繁复杂的社会中，在激烈的竞争中依然能够把事业做大、做强，都得益于他们广阔的眼界。比如，能够在事物中突出重点，有效地抓住事物的主要矛盾和矛盾的主要方面，都有助于在竞争中胜出。

然而，有的人只看到树木而不见整个森林，常常贪图眼前的蝇头小利，结果无法依靠长远的布局赢得未来，最后给人不可靠的印象。因此，一个人的视野、见识在很大程度上决定了其是否具备成长性。眼光长远而独到，就能始终沿着稳妥的方向进步，从而在一步步接近成功中迎来美好的人生。

很多人都有一种我行我素的情结，尽管这能让他们看起来很有魅力，但是过了头往往适得其反，暴露其狭隘、自私的一面。通常，这样的人固执己见，永远不听他人的劝告，尽管对方的意见是有益的。此外，他们在行动上总是鲁莽粗俗，丝毫不考虑后果，更不考虑将来如何抉择。他们只是单纯地满足于眼前的利益、得失，并以此为乐，但是随着时间的推移，最后会发现自己无路可行，处处陷入被动。失去了对全局的掌控，也就失去了未来，其结果注定难堪。

清末之时，黎元洪身处湖北，与张彪共事。这位张彪在官职上高人一等，因此黎元洪经常遭受排挤，没少看人的脸色。那么，张彪有什么本事呢？原来，他是张之洞的心腹，一直很受器重，并且还娶了张之洞一个心爱的婢女，被人戏称为"丫姑爷"。加上张彪这个人向来小肚鸡肠，妒贤嫉能，所以才干十足的黎元洪被视为眼中钉、肉中刺。

一段时间，报纸时常盛赞黎元洪的才能而贬低张彪，这让后者更加气愤。为了发泄心中的不满，张彪多次在张之洞面前虚构事实，抹黑诋毁黎元洪。除此之外，他还用一些卑鄙的手段，多次在公共场合羞辱黎元洪，让他下不了台，想借此将其赶出军队，从而成为军事领域中的核心人物。对此，黎元洪忍了下来，始终不动声色。明知张彪欺辱自己，却不与之争锋，这恰恰体现了黎元洪非凡的大局观。因为他明白，如果和张彪大动干戈，势必会影响整个军队的和谐，破坏军队的纪律。

另一方面，面对黎元洪的安之若素，张彪也无可奈何。某次，张之洞任命张彪为镇统制官，但是他对军事编制和部署训练等事宜一无所知，无从下手。而黎元洪却是这方面的好手，他知道张彪的难处，不计前嫌，主动请缨，帮助训练军事。在成军之日，张之洞前往检查，看到整齐划一的军队颇有条理，于是当面称赞了黎元洪。哪知黎元洪却对张之洞说："这一切都是张彪的功劳，我不过是来帮忙打打下手，何功之有？"这番话恰巧被路过的张彪听到，他十分懊悔自己曾经的所作所为，开始有意弥合与黎元洪的关系。

就这样，黎元洪以小见大，没有为了挽回面子而和张彪大动干戈，而是选择着眼全局，以整个军队的利益为重，将个人的荣辱抛诸脑后。这样做不仅换取了整个军队的和谐与进步，更巧妙地化解了自己和张彪之间的矛盾，两人成为铁哥们。从中不难看出，黎元洪是一个会办事的聪明人，他遇事懂得隐忍和承受，目的是为了赢得和谐共处。为了全局的利益，哪怕是天大的事都要缓一缓，忍一忍，把面子放下，哪怕是铁锤敲到头上也绝不吭一声，不仅挨得住，还能笑脸相迎，这是每一个人都应该修炼的隐忍功夫。

我们常说登高望远，古人也说过"会当凌绝顶，一览众山小"。要想办事顺利，高人一筹，就需要站在高处，拥有一个纵观全局的眼界，不仅要观长远，还要观大局。那么，如何成为一个能放眼全局的人呢？

首先，要学会隐忍，小不忍则乱大谋。一个有长远目光的人能够忍耐当前的小困难，积蓄起心中的力量期待日后的勃发。要想成为一个有眼界的人，就要学会面对生命中的那些不公，面对纷繁复杂的诱惑也能淡然处之，不露声色。把眼光放长远，看到的是更为广阔的天空、更诱人的果实，而不被眼前的小利益绊住脚步。

其次，开阔眼界，博览群书。知识匮乏的人看什么都觉得好奇、新鲜，面对诱惑就无法坚定自己的内心，容易被吸引。成为一个有眼界的人必须博览群书，不拘泥于固定的类别，扩大自己的知识面。行万里路，读万卷书，见识的人多了，经历的事情丰富了，眼界自然就会开阔不少。

最后，懂得分辨，善于思考。有眼界的人不一定就聪明过人，但是他们都非常睿智、勤奋，其成功得益于强大的信息筛选能力。成功的人从来没有停止思考的步伐，因为时刻都在谋划和布局，所以遇到突发问题总是能够立即想出解决的办法，从而转危为安，获得成功。

做人正能量

雄鹰的眼光是锐利的，翱翔于天际，视野广阔，能见之物更多，更为丰富，因而能够迅速捕获猎物；壁虎的眼光也是长远的，在遇到天敌的时候，会果断地自断尾巴，以保住性命。一个成功靠谱的人更需要有长远的目光，有大眼界是一种智慧，长远的眼光在生命的价值中折射出深远的智慧，从而在人生的征途中收获成功的果实。

人的一生充满坎坷，生活之路总是崎岖，然而这却是对人的考验，能否走出困境就有赖于是否具备长远的目光，懂得在布局中掌控未来。无论与人共处，还是选择合作伙伴，人们希望对方具备大眼界和全局观，因为这是赢得未来的基本素养。与他们在一起，心里踏实，负责的感觉会充盈心头。

4．别逃避，是你的责任就担到底

人作为社会的主体，家庭的顶梁柱，必须具备责任感。遇事不逃避，能够主动承担，这样的人才值得信赖。为家人撑起一片天，遮风挡雨；在一个团队中，能够独当一面，承担自己应尽的责任，凸显出个人的价值；在组织里，扮演应有的角色，承担责任，维护大局。一个人可以不伟大，但是却不能缺少责任感。特别是在关键时刻，不要扮演逃兵。

很多人正值壮年，风华正茂，心中总是有一股跃跃欲试的冲动和激情。但是空有一股激情还远远不够，人还须有强烈的责任感——是自己的责任就担到底，无论后果多么严重，都能做到不逃避。有着强烈的责任感，再加上饱满似火的工作热情和积极向上的心态，成就一番事业就不在话下。

陈明和刘能是某快递公司招聘的两个新人，他们一同被分到一个工作岗位上，成为彼此的工作搭档。两人在新的工作岗位上都想创造业绩，并希望能得到领导的赏识，进而升职加薪。有了这样的想法，他们工作起来都十分卖力。老板看在眼里，记在心里，对他们的表现非常满意。但是，一次意外却改变了两个人的命运。

一位重要的客户委托公司邮递一件大宗邮件到码头，这个邮件非常重要，里面装着一件极其昂贵的古董瓷器。老板决定，让陈明和刘能两人去完成这次任务，出发之前他一再叮嘱二人千万要小心，不可有任何差错，否则就得辞职。到了码头，陈明把邮件递给刘能的时候，刘能却在低头玩着手机，一时疏忽没能接住，结果邮件掉在地上，古董摔碎了。

两人悻悻地回到公司，刘能不知道该如何解释，一直扭扭捏捏地不敢到老板的办公室讲出实情。刘能心想，如果老板知道自己因为玩手机导致古董摔碎，那么肯定会被辞退。于是，他趁着陈明不在旁边的时候，偷偷跑到老板的办公室说："老板，这不是我的错，是陈明疏忽大意弄坏的。"老板听了这话，平静地说道："谢谢你，我知道了，你先出去吧。"随后，老板又把陈明叫来谈话。"陈明，到底是怎么回事？"陈明一直是一个勇于担当的人，他一五一十地把事情的原委告诉了老板，最后说："这件事情也有我的错，我愿意承担责任。"

陈明走出办公室，脸上也是闷闷不乐的表情。但是此时的刘能却觉得很轻松，他心安理得地觉着陈明肯定要卷铺盖走人。最后，老板把陈明和刘能一起叫到了办公室，对他们说："其实，古董的主人那个时候就在码头，他亲眼看见了你们在接古董时的动作，并且跟我说了事实。而且，对于你们两个人事后的反应我也有所关注，我决定，陈明继续留下来工作，用你赚的钱来赔偿客户的损失，而刘能，明天就不用来上班了。"

陈明勇于承担责任，做了应该做的事情，不仅保住了自己的饭碗，还获得了老板的赏识和日后升职的机会；而刘能却选择了逃避责任，失去了作为一个人应有的尊严和责任，最后丢了饭碗。对一个不想苟活于世的人来说，为了成就更大的梦想和事业，千万不能遇事逃避，扮演缩头乌龟的角色。许多事情，大家看在眼里，心知肚明，逃避责任的人是靠不住的，所以难以承担重任，自然失去了更多发展机会。尤其是，一个人选择逃避就等于向世人宣示，你是不被信任的，是靠不住的，这等于自毁长城。

任何时候，人必须要承担自己的责任，这是坚守信念的一种努力，是赢得他人信赖的基础。融入一个圈子，踏上一个平台，如何展示自己的能力和品质呢？最简单的办法就是主动担起应有的责任，当困难迎上来的时候不逃避。有时候，你的办事能力可能暂时不令人满意，但是你主动去承担责任了，积极去面对挑战了，那么就容易得到他人认可，显然态度比能力更重要。

人处在不同的行业、不同的地方，都需要承担不同的责任。问题是，今天的人面对强大的竞争和生存压力，会产生胆怯的心理，凡事能逃避就不去直接面对，他们习惯说"我承担不了，我没那个能耐"。然而，逃避终究无助于解决问题。实际上，无论是法定责任还是道德上的责任，都有其存在的客观原因，最重要的是去承担，别把结果太放在心上。反之，不履行自己的责任，势必会受到道德和良心的谴责、拷问，自己也将终日不安。而不履行自己的法定责任，也将受到法律的追究和制裁。

事实上，人想要获得机会和使命就必须履行责任，因为它和责任是对应统一的。没有无责任的权利，也没有无权利的责任。一个成功的人，必定有着强烈的责任心、责任感和责任意识，只有这样的人才能成为可信赖的依靠、伙伴，在实现与他人合作的同时，也推动自己事业的发展。

做人正能量

实现自己的人生价值，寻找成功之道，必须在责任的驱使下，做到不逃避、不言弃，永不言败。成功的事业需要全身心的投入，而如何拥有这种完全的付出呢，发自内心的责任感必不可少。人的才华也是在这种责任的推动下才能发挥到极致，进而成就事业。

人在社会中扮演了多少种角色，就决定了自己要承担多少种责任。在形形色色的责任中，人成就了自己，构成了不平凡的一生，一个负责的人也因此有了生机和活力，他的生命才有力量。不管人选择什么样的生活方式，不管在什么样的岗位上工作，都要承担起属于自己的那份责任。也只有这样，才能在承担责任中实现自己的价值，找到成就感和满足感，体会到其中的快乐。

5. 负责的人往往家庭事业两不误

人看重的往往是事业和工作，相比较家庭而言，事业往往占据了更多时间和精力。白天忙于工作，晚上又要忙于应酬，一天下来给家庭的时间少得可怜，这是许多人的生动写照。不过，这也无可厚非，因为落在人肩膀上的担子十分沉重。成家立业，养家糊口都要依靠人的奋斗和努力，那些天天躲在家中无所作为的人绝对不能算是称职的。但是，一个负责的人不会完全抛弃家庭，来追逐名利和事业。一味地追求事业上的成功，从来不关心或者很少关心家庭，成为一个彻头彻尾的工作狂，这样的人也算不上负责的人。

以前，人们称赞一个女人能干，往往形容她"上得厅堂，下得厨房"。今天，它已经成为精明能干的标准。有家庭观念的男人，会主动分担起妻子的重任，帮助对方排忧解难，创造其乐融融的家庭氛围。既能在外闯出一片天地，又能操持家务，把事业和家庭的关系处理得妥妥当当，这样的人才值得赞颂。

老王年近五十，在他的名下有两处房产和一家颇具规模的企业。奋斗了大半辈子，老王把生意做得红红火火，可以说后半生无忧了。但是，他却觉得不快乐。原来，老王和妻子儿女之间的关系并不融洽。平日里，他经常不在家，很少和家人一起吃饭，彼此之间缺少沟通。有几次好不容易聚到一起，然而总是突然接到生意上的电话，这暂时的离场又让大家扫兴。时间一长，孩子看到老王就像见到陌生人一般。

　　老王回忆道，自己年轻的时候总是忙于工作，很少住在家里。儿子、女儿经常打电话让他去学校开家长会。由于抽不开身，老王只能让妻子或孩子的爷爷、奶奶去。后来老王猛然发现，自己竟然从来没去过儿女的学校，更没有接送孩子的经历。就连孩子的生日，小学、初中毕业这样重要的日子，他也没出现过。除此之外，在和妻子刚结婚的那段时间里，老王本想放下工作，和妻子到外地一起去度蜜月，然而那段时间公司刚刚步入正轨，不忍心就这样放下工作去游玩。于是，抛下妻子，让她独自一个人留在酒店中，又回到工作岗位上忙碌起来。

　　说起这些，老王的确有苦衷。虽然今天已经事业有成，坐拥巨额财富，但是失去家庭幸福与家人理解，这难免让人留有遗憾。对一个人来说，如果把事业看成是最重要的东西，那么他的婚姻、家庭很难与幸福挂钩。那么，有没有一种方法能使事业和家庭两全，鱼与熊掌兼得的方法呢？我们来看下面一个例子。

　　吴斌是一位年轻的企业家，曾经一天到晚忙于事业，忽略了家庭。他回忆道，"我低估了事业对家庭的吞噬，在忙于事业的时候，我的婚姻几乎是名存实亡，家庭濒临崩溃。当妻子逐渐疏远我的时候，我开始醒悟，求她提出任何条件都可以，只要不离开这个家。"

　　好在吴斌能够及时明白家庭和事业的重要性，迷途知返。现在，吴斌规定自己每天晚上6点必须回家，然后和妻子一起做饭、带孩子。他说："我现在已经想明白了，必要的时候必须对员工和客户说不，把精力放到家人身上。多给家人一些时间，对他们才公平，而且自己也能获得更多幸福，不会在忙碌中让自己活得太累。"

　　一个负责的人应该名利双收，既拥有稳定、持续发展的事业，又拥有幸福美满的家庭。要做到事业、家庭两不误，就必须有计划地安排自己的时间，凡事考虑周全。人在外闯荡，会遇到挫折与打击，这时候家庭就成了他们休憩的港湾。许多人在忽略家人之后，最终选择了回归，而重视家庭的努力让他们明白了幸福的终极意义，也让自己的事业拓展有了原动力。

一个人即使在事业上取得了瞩目的成就，但如果在家庭关系上处理不当，那么他也是一个失败的人。一个负责的人懂得如何分清家庭和事业之间的关系，懂得在工作之外的时间里照看好自己的家庭，给予更多的关注和温暖。在我国传统社会中，一直重视家庭的组织功能，认为家庭道德是治国安邦的根本。一个人在家中对父母孝顺，时常牵挂自己的家庭情况，在外工作之时还能时常往家中打电话报平安，这样的人才有可能对组织、对公司负责。

在家庭内部，男人扮演着丈夫、儿子、父亲等多种角色；在公司内部，一个人会兼具上司、下属等各种身份。负责的人在家能够做到对父母孝顺，对兄弟姊妹恭敬，对子女慈爱；负责的人在公司还能具备团队意识，敢于承担责任，兢兢业业，对公司尽责。家是最后的港湾，没有温馨和睦的家庭，在遭受到事业的挫败后，人将无处可去，事业的衰败会造成心理的颓废，人也会迷失方向。

做人正能量

一个人能否为社会做出贡献、能否有效地治理一方，首先要看它是否能对家庭负责，对父母尽孝，这是从家庭关系来鉴别人才的方法。只有那些关爱家人、能够妥善处理好家庭矛盾关系的人，才能在社会上占据一席之地，为他人做"榜样"，否则就根本谈不上承担职责、使命，做出令人羡慕的事业。以小见大，我们必须明白，个人道德品质上的瑕疵很可能会影响一个人的决策和能力，一个不顾及家庭的人，在外拈花惹草，不仅伤害了家中的妻儿，更对整个社会产生了极为不良的影响。

一个人，在成家之后就是这个家庭中最为重要的一个角色，就应该勇敢地承担起自己的责任，在认真开拓事业的同时，还应该兼顾到为家庭贡献出应有的热情。所以，在用辛勤的汗水和坚定的毅力成就事业的同时，绝对不能忘了那个在你背后一直默默付出的人，多给予你的家庭一些呵护和关怀吧。

6. 为自己的行为负责，绝不找借口

日常生活中，总有一些人用花言巧语推卸责任，不愿意对自己的行为负责。不愿意承认错误，或许是为了面子，或许是为了利益，不过这样的人非常可悲，因为他们在推卸责任的时候暴露了内心的渺小。

事实上，一个负责的人愿意对自己的过错负责，并主动承认错误，担负起应该承受的代价。一个只能面对成功，无法承受失败打击的人是没出息的，也无法在关键时刻担负重任。其实，面对失败要比面对成功需要更大的勇气，因此敢于有所担当的人就显得弥足珍贵，其心理也足够强大，意志坚定，是值得托付的候选人。

从辩证的角度看，失败与成功是一体的。承认自己的错误，是对过去失败经历的一个深刻总结。敢于面对错误的行为、错误的判断、错误的行动，这样的人才能在过往的失败中汲取教训，才能得到不断的成长。勇于承担自己的责任，承认自己的过失和错误，表明了这个人敢于对自己的行为承担一切可能的后果。那么，接下来他就有资格肩负更大职责，担当更大使命。很难想象，一个人连承认错误的勇气都没有，连从失败里走出来的智慧都不具备，又如何挑起更重的担子。

罗斯福作为美国最伟大的总统之一，为美国的发展奠定了坚实的基础，功勋卓著。他曾经连任四届总统，在第二次世界大战时成为最主要的决策者。而像罗斯福这样功高盖世的伟大人物，在面对自身的错误的时候

从来没有选择过逃避，而是主动承认担当起属于自己的责任，并且能够及时反思改正。也正是因为这样，像罗斯福这样的人才能够成就伟大的事业，创造不平凡的成就。

当罗斯福还在纽约警备团当队长的时候，他的品质就已经开始显露出来。曾经与之共事的一个中尉有过这样的评价："像他这样诚恳实在，能够承认自己过失的人实在是不多。有一次，罗斯福在军队中带队练操。他经常会在教士兵们动作之后拿出一个小本子来，如果发现刚才教的内容出现了错误，就会当着全队士兵的面，翻到某一页，找出自己刚才教的内容并大声读出来。然后，他对众人说'刚才我教错了，实际的动作应该是这样的'。每到这个时候，人们都会被罗斯福的举动感动，有时候也忍不住笑出声来。"

罗斯福之所以令人钦佩，绝对不是在一些小事上能够承认错误，在一些关乎国家重大事务上依然能保持这种品性。后来升任纽约市市长的时候，罗斯福在一次更为严重的错误中保持了这种高贵特性，并因此提升了个人魅力。当时，在罗斯福的提议和努力下，一项议案经过了国会的通过，但是他马上发现，自己在某个方面判断错误，这项议案生效后必定会产生极为不良的后果。于是，他当即在众多国会议员面前勇敢、主动地承认了自己的失误，并希望能够受到应有的惩罚。

"我感到十分惭愧和不安，"罗斯福当着众多国会议员的面说，"这次的失误我将承担所有的责任，在我极力赞成这项议案的时候，没能够仔细地审阅，我是有过错的，违背了纽约人民的意愿。"

罗斯福之所以能有后来的地位和身份，和他自身的品质有着极大的关联。今天，一个人想成就大事业，必须具备这种勇于承担责任的品质。一个能够发现自己错误的人绝对是聪明的，而能够承认自己错误的人也必定是坦诚的，能够主动改正自己错误的人必定是明智的，将这三者融为一体的人才是真正具有大智慧、成就大事业的人。

世界上有两种人，一种人在面对自身错误的时候百般辩解，希望能推卸责任，让自己不用承担后果；另一种人能够在错误面前主动站出来，勇敢果断地面对失败，并从中吸取教训。前一种人一生都将碌碌无为，他们总是逃避，看见胜利主动迎上去，看见失败唯恐躲之不及；后一种人才是成大事的人，他们不畏失败，积极反省，找出纰漏，在不断的反思中发展自己。

　　勇于担起自身的责任，做到有勇气去承认并且能够主动改正，这样的人才靠谱、才受人欢迎。一个人做到能够虚心接受自己的过失与错误，切不可用花言巧语推卸掉属于自己的责任。有的人在成功的时候，总是好大喜功，认为自己是高明的，归功于自身的素质。而当犯错的时候，又总是把责任撇得干干净净，害怕承认错误。长此以往，错误得不到改正，一而再，再而三，循环往复，永远都不会有长进，也不可能取得成绩。

　　犯了错误不主动承担，而是略施小计，妄想通过耍手段蒙混过关，这看似欺骗别人，其实是自欺。推卸掉了责任，必然滋生投机取巧的心态，而这会让你变得更加不靠谱，凡事都不会脚踏实地去执行。然而，人的命运，成事的道路，怎么允许你华而不实呢？不难想象，一个人无法对自己的行为负责，难道你能指望他去承担更大职责和使命吗？

　　事实上，这个世界上最靠谱的事情是靠自己，也就是靠自己的努力、勤奋和智慧去创造价值、改变命运。任何时候都能对自己的言行负责，才是有担当的体现，才能在担责中成长和进步。

做人正能量

　　一个渴望成功的人，不应该对自己的失败有所忌讳，不应该推卸掉属于自己的责任。因为失败始终都是成功的伴侣，一个人会在失败中获得成长。脱离了失败的历练，人就无法获得人生的真谛，就没有前车之鉴，缺少经验。尽管犯错令人难堪，甚至措手不及，但是敢于直接去面对，必然能迎来希望和曙光。

　　失败并不可怕，可怕的是你不敢去面对，为自己的行为负责。任何时候，人都应该保持一颗平常心，失败的时候能够淡然处置，按照正常的逻辑去处置。首先成为一个可靠的人，而后才有靠谱的人生和成功。

第三章

务实笃行：做接地气的人，办更靠谱的事

> 成功的人，大多接地气，也就是脚踏实地、勤恳务实，并与周围的人打成一片。有了务实的心态，做事才会更靠谱，也能在赢得众人支持的基础上有更大作为。一个人不食人间烟火，无法沉下心来用心做事，其人生目标是难以实现的。

1. 除了仰望星空，更需脚踏实地

黑格尔曾说过说："一个民族有一些关注天空的人，他们才有希望；一个民族只是关心脚下的事情，注定没有未来。"然而在生活中，有太多的人眼高手低，雷声大雨点小，总是满嘴空话，放言自己要如何如何，却没有实际行动，这样的人数不胜数。一个人想有所成就，除了仰望星空，更要脚踏实地。

人生像走路，既需仰望星空，也需脚踏实地。仰望星空，可以看到自己想去的那个地方；脚踏实地，才能最终走到我们想去的那个地方。

京剧"四大名旦"之一程砚秋创立了京剧程派艺术，以"声、情、美、永"的"程腔"享誉世界。不为人知的是，从学唱戏开始，他就一直非常努力，通过童年的艰苦训练一举掌握了多种京剧流派的唱法。将近30岁的时候，程砚秋为了唱得更好，远赴欧洲考察歌剧，回国后吸收西方音乐演唱技巧，并加以改进，由此极大地丰富了"程腔"的艺术表现力。此外，他还非常重视"口法"，用心钻研许多相关的知识，摆脱了"四功五法"基本功的束缚，有效促使京剧朝着更高层面发展。

程砚秋对京剧艺术有强烈的渴望，并付诸行动进行深入研究，在演唱技艺上达到了新高度。他曾经说过："演员必须自始至终精神一贯，保持原神不散，使艺术一气呵成，只有如此，才能抓住观众心理，掌握观众情绪。"正是因为树立"有动于衷"的艺术目标,肯下功夫,程砚秋终于将声情、词情和曲情加以融合,最终成为一代名角,并与梅兰芳、尚小云、荀慧生并称"中国京剧四大名旦"。

凭借对艺术的完美追求,同时又能专注细节,抓基本功,搞创新,程砚秋经过苦苦修炼,终成一代大师。可以说,他既做到了仰望星空,又做到了脚踏实地,从而取得了非凡的艺术成就。这一高一低之间的配合,缺一不可。总之,凡事都要说到、做到,伟大的理想是头脑中、口中美好的愿景,而落实到行动上的执行能力则是美梦成真的保证。

做人踏实,不说空话,实实在在地生活,那么每天的日子都会安定祥和,内心也会淡定、沉静。在实现个人目标、取得成功的道路上,脚踏实地的人能够把宏大的理想变成现实,最后一步步赢得赞誉。

当年,钱钟书先生去世后不久,有人撰文以示纪念。文中,作者评价钱钟书一生"寂静""勤于钻研"。确实,钱钟书先生绝对是脚踏实地的典范,他终生专注于学术研究,不追名,不逐利,也从未与人有过口舌之争。能够沉下心来做学问、写专著,坚持刻苦、勤奋努力,把平常的日子过成光彩的人生,由此他成为学贯中西的大学者。试想一下,如果少了脚踏实地的努力,没有孜孜以求的奋进,钱钟书先生又如何能成为享誉中外的一代大师呢?

在理性的世界中,一个人少了脚踏实地的品质,会在关键时刻败下阵来,造成无法弥补的遗憾。任何时候,都少不了仰望星空的理想精神,尤其在困境中它能激发人们的潜能。同时,具备脚踏实地的执行力则是一个人存活的基础,因为少了触手可及的存在感,一切虚无缥缈的东西都会烟消云散。

不可否认,仰望星空很重要,但是脚踏实地比仰望星空更重要。一个没有目标但肯努力的人或许会不愁生计,但是一个只有目标却不付诸实践的人永远不会有所成就。在行动中发现自我,在行动中开拓未来,这是每个人过好这一生的必然选择，没有捷径可选。

李嘉诚小时候遭遇很坎坷。1941年，日本攻占香港，使得李嘉诚一家人无法安身。无奈之下，母亲只好带着弟弟、妹妹回老家，只留下父子两人。一个家被迫分隔两地，屋漏偏逢连夜雨，贫困抑郁的父亲竟然染上肺结核，小小年纪的李嘉诚感到自己"仿佛一瞬间被迫长大"。

当时，李嘉诚不过是一个孩子，累死累活地打工，月工资只有20港元，却要承担起家里的一切所需。对他来说，生活的担子太重了。李嘉诚独自照顾父亲大半年，然而当时的医疗条件并不理想，所以不久父亲就去世了。当时，母亲与弟弟妹妹远在潮州，甚至没有一个亲人来送别，年纪尚小的李嘉诚独自处置了这一切。

14岁，李嘉诚历经了家道中落、漂流异乡、父亲过世，这几件事接踵而来，使他在很短的时间内快速成长。孤身一人漂泊在异乡，为了有更好的生活，李嘉诚决心立即行动起来，主动学习知识。"别人是自学，我是'抢学'，抢时间自学。一本旧辞海，一本老师版的教科书，自己自修。"多少个昏黄灯光的夜里，李嘉诚孜孜不倦地摸索教学、出题的逻辑，探索着每个篇章的关键词句，有时还模拟师生对话，自问自答。多年以后，他仍然保持这样的习惯。

不仅如此，李嘉诚有非常强的自律能力。据说，除了《三国志》与《水浒传》，他不看小说，不看"没有用"的书。一位熟识的友人曾这样说："没有上学对他来说是正面的，因为'不足感'缠绕在心里，他害怕自己不足，所以学习能力特别高。"

第二次世界大战结束后的某一天，工厂老板急着发信，可是文书刚好请病假，于是问："哪个人比较会写信，字写得好一点？"大家指向李嘉诚，"叫他写，他每天都念书写字。"老板望向这未满17岁的孩子，犹豫地问："你真的会吗？"李嘉诚说："我可以试试。"

于是，李嘉诚立即动手，很快写好了几封信。信发出后，老板的朋友赞不绝口，还随口问了一句："你这位先生是什么时候请的？比原本的要好。"通过这件事，老板对李嘉诚另眼相待，立刻把他从做杂役的小工调至做货仓管理员，管理名表、表带等昂贵的货物进出。

回忆起这段往事，李嘉诚总是感慨万千，"知识改变命运。如果没有一点文学底子，写信慢，也未必通顺，后来也得不到那个职务。那个职务让我懂得货品的进出、价格，懂得管理货品。"

随后，李嘉诚从货仓管理员，转行成为走街的推销员。18岁那年因为业绩好，他被提拔为经理，并在19岁升为总经理，管理200名工人及20名写字楼职员，薪水也大幅提升，经济状况大为改观。尽管李嘉诚初中仅读了初级英文就中断，却订阅了《当代塑料》等很多英文塑料专门杂志，并通过查辞典不断苦学，迅速跟上世界塑料的发展潮流。随后，他凭借塑料产业赚到人生第一桶金。

李嘉诚有学习的想法，并努力付诸行动，才有了日后非凡的成就。他梦想改变命运，并以超出常人的毅力和执行力累积经验、学问，一步步踏上创业、经商之路，建立了自己的庞大商业帝国，依靠个人努力成为一代华商的典范。

一个人靠什么赢得这个世界？首先必须有理想，不在世俗的世界中沉沦，始终有仰望星空的自觉。其次，做事必须有执行力，能够坚持把理想变成现实，哪怕遇到再多困难与挑战。能够做到这两点，那么你的人生就会丰满，这正是取得成功的应有之义。

做人正能量

做人难，做一个成功的人更难。任何时候，做人都要有梦想，能够仰望星空，同时又脚踏实地，从而为梦想插上一双翅膀。只是一味地仰望星空，而不去脚踏实地，就犹如水中的浮萍，没有根基，只能四处飘荡，经不起人生风雨的敲敲打打。有梦想并且脚踏实地，你的人生就会稳健而充盈。

2. 不急于一时，关键时刻沉住气

俗话说：沉得低，才能跳得远；沉住气，才能成大器。行百里者半九十，越是到关键时候，越要沉住气，越不能掉以轻心，否则功败垂成，注定空留遗憾。人生总会遭遇挫折，总会有低潮，总会有不被人理解的时候，总会有要低声下气的时候，这既是人深感寂寞的时候，也恰恰是人生最关键的时候。

每个人都难免遭遇挫折，而大多数人沉不住气，耐不住寂寞，过不了这个槛，你只要挨过去就成功了。在这样的时刻，我们需要耐心并满怀信心地去等待，相信生活不会放弃你，机会总会来的。路要一步步地走，虽然到达成功终点的那一步很激动人心，但大部分的脚步是平凡甚至枯燥的，没有这些脚步，或者耐不住这些平凡枯燥中的寂寞，你终归无法迎来最后那激动人心的时刻。

在1993年的盛夏，陈天桥以非常优异的成绩获得提前一年毕业的机会。毕业时的喧闹仿佛还在眼前，他却瞬间陷入沉寂——被分配到陆家嘴集团公司，每天在一个小房间里放映有关集团情况介绍的录像片。在这十个月的时间里，这位高才生开始重新思索人生。显然，在这里完全无法与人谈论自己的远大理想，更别说施展才智和抱负……对于刚出校门的年轻人来说，从让人羡慕的优等生到一个放映工，无疑这是一个巨大的落差。

好在他没有碌碌无为，而是将寂寞化成了日后享用不尽的财富，赢得了成功的人生。

对此，陈天桥曾抱怨过，自己从复旦毕业，是全市优秀学生干部，毕业后干这种工作未免大材小用。对一个年少气盛的人来说，他很可能撂挑子不干，但是陈天桥却把它看作是磨炼意志的绝佳机会。趁着这段时间，他用心读了很多书，这形成了他后来独具一格的管理风格。"我认识到，无论有怎样的抱负，首先是要社会接受你，而不是你去要求社会来适应你，这是当时一个很大的收获。"陈天桥说，"在我当时这样一个年纪，这样一个背景，我能耐得住10个月的寂寞，躲在一个小房间里放录像，我自己感觉这对后面的年轻人还是有所启示的。很多年轻人觉得自己怎样怎样，要干这个，要干那个，但无论干什么，首先要适应环境，而不是等着环境来适应你。"

机会总是属于能沉得住气的人。过了十个月，集团下属的一家企业恰好有个干部挂职锻炼的机会，集团一致选定陈天桥担任那家有着200多人企业的副总经理。陈天桥后来回忆说，倘若那样的日子再延长十个月，也许他就坚持不下去了，而今天的人生道路可能也就变成另外一副样子了。

在这个关键的时候，陈天桥不急于一时，选择了沉住气，磨炼自己，最终等来了自己的春天。我们常说，大丈夫能屈能伸，讲的就是人们想要成功，要能耐得住落寞，忍常人所不能忍，面对成功时，不要被胜利冲昏了头脑。总之，不急于一时，在关键时刻沉住气，这样办事才值得赞颂，更容易达成预期目标。

古往今来，无数成大事者都不是一帆风顺的，都经历过艰难曲折。而每次遭遇挫折，都是一个关键的自我提升时刻。因为，挫折也是一种机遇，它会让人学会很多，亦会磨炼人的意志。务实的人懂得主动把握成长的机会，在悄然磨砺中具备了成大事的潜质，由此迎来了人生的一次次跃进。

春秋战国时期，吴王夫差凭借着自己国力的强大，出兵攻打越国。毫无疑问，越国战败，于是，越王勾践以俘虏的身份被抓到吴国。吴王为了羞辱越王，显示自己的高贵，便让勾践去做看墓与喂马的工作。尽管越王心里很不服气，但仍然极力装出忠心顺从的样子。吴王每次出门时，越王走在前面小心翼翼地牵着马；吴王生病时，越王在床前尽心尽力照顾。这一切，让吴王大为满意、放心，最终同意将越王遣返越国。

回国后，越王下定决心洗刷自己在吴国当囚徒的耻辱。为了告诫自己，他每天坚持睡在坚硬的木柴上，并在门上吊一颗苦胆，每次吃饭和睡觉前都要品尝一下，目的就是要让自己记住教训，不要忘记复仇雪恨的大业。除此之外，越王加强军队的训练，同时还经常到民间视察民情，替百姓解决问题，让人民安居乐业，由此赢得了民心。

经过十年的蛰伏之后，越国变得国富兵强，于是越王亲自率领军队进攻吴国，在成功取得胜利之后，吴王夫差羞愧得在战败后自杀。正是在兵败时，越王勾践沉住气，忍耐下来，成就了一番霸业。如果他像项羽一样，兵败后自刎，最后也是一介懦夫。项羽虽然一世英名，但是丢掉了江山，没有善始善终；勾践忍耐一时，在寂静等待中迎来命运的转机，这种活法显然更接地气，更展现人的风范。

越是在失意、失败的时候，人们越容易迷茫、堕落，此时才是最应该警惕的时候。因为失败会瓦解人的斗志，会摧毁人的意志，还会降低人的反应能力。这种关键的时刻，如果不沉住气，不能着眼大局去行动，注定失去未来，成为人生的落魄者。

做人正能量

做投资的人都知道，股价涨跌越快，就越要沉住气，否则容易亏损。其实，对人生而言，沉住气是十分重要的，谁都知道只有沉得住气的人才能够掌控未来。一个浮躁和急于求成的人往往缺乏周密的思维与长远的目光。因而，遇事懂得沉住气，不要急于一时，越是关键的时候，越要冷静。

3. 跟大家打成一片，才能"天下归心"

曹操曾在诗中写道："周公吐哺，天下归心。"意思是，只有礼贤下士，百姓才会归顺我。显然，一个领导只有跟大家打成一片，才能天下归心。没有一个下属希望上司高高在上，冷冰冰的没有人情味儿，毕竟每个人都是有情感需要的，当上司和下属们打成一片的时候，下属会感到上司对自己的重视，产生存在感。在这种模式下构建合作关系，很容易建立起互信的基础，赢得人心。

每一个成功的领导者都知道，要想完全赢得下属的心，就必须同他们打成一片，从而最大程度上获取人心。显然，只是一味地加薪升职往往无法达到预期目标，因为只有真实的感情才能胜过外在的利益。

有一位老板热衷于与员工充分沟通、交流，强调与员工打成一片的重要性。他发现日本东芝电器公司的社长十分推崇"走动式管理"，于是加以借鉴，经常深入基层员工，体察舆情，了解企业经营的真实情况。一旦发现问题，就立马解决，有力地促进了公司的生存和发展。

工作中，他经常对员工说："现在我不是公司的领导者，你们只需要把我当成你们的长辈，我今天坐在这里就是想跟你们分享彼此的经验，这样大家才都能成长。"简单的几句话，就把彼此的距离拉近了，员工的心立刻不再紧张。上下一心求发展，所有力量聚合到一起，自然容易促进公司成长和发展。

很多领导者都注重与大家打成一片，方式不同，却有异曲同工的效果。美国通用电气公司的前总裁杰克·韦尔奇在短短20年内，把通用电气带入世界500强的前3位，创造了无数的辉煌成绩，从而被誉为20世纪最伟大、最成功的企业家。他非常善于与员工打交道，经常跟大家打成一片，并乐在其中。从一名技术员升到董事长，韦尔奇几乎在公司的每个部门工作过，最难得的是，他总能和大家保持非常融洽的关系。

曾经有一次，杰克·韦尔奇在家里举办了一个小型的派对，受邀对象不但有公司高层领导，也有基层员工。他的目的很简单，那就是增进大家的感情。为了使派对气氛更加热烈，他还让妻子准备卡拉OK，并希望每个参加聚会的人都献上一首歌曲。很快，大家都沉浸在香槟与音乐的欢乐之中，气氛非常融洽。然而，当大家玩得正高兴，几名基层员工却提出要先回去公司，韦尔奇感到非常纳闷。随后才了解到，原来公司正在准备一批产品，按照正常工作时间根本无法完成，即使加班也未必能够按时交货。工人怕耽误交货的时间，只好利用周末的时间加班。

韦尔奇做事一向果断，第二天就立即召开会议，深入研究产品的生产计划安排。经过研究发现，确实如员工所说，不可能在短时间内就将那么多的产品生产出来。他决定要重新制订生产计划，并要求考虑工人的实际情况尽快提出一个解决方案。除此之外，他还专门感谢几名基层员工的合理建议。

谁也没有想到，一次小小的聚会让韦尔奇发现管理中的大问题。由此可见，公司的领导者与员工经常接触，面对面地倾听他们的所思所想，是多么重要。韦尔奇甚至开玩笑地说："如果哪些家伙总是不把员工放在眼里，自以为是，不能和员工打在一起，被开除的机会就很大。"

注重与大家打成一片，不仅受到大家的爱戴，还因此获得意料之外的收获。把心意与更多的人融合到一起，将行动落实到基层工作中，自然会掌握全面、精准的情报，实现高效地领导，这种接地气的做法会让你成为可靠的带头人，最终容易成就大事。

历史上，有很多失败的领导者，而失败的原因在很大程度上归结为骄傲自大，不懂得如何收服人心，也不屑与大家相处。陈胜称王不过六个月的时间，走向失败自然有很多原因，而不与百姓和平共处有很大的关系。据说，陈胜当了王之后，把陈县定为了国都。有一位曾经与他一起雇佣给人家耕田的同乡来到陈县，对守宫门的长官说："我想要见陈胜。"守宫门的长官不分青红皂白，直接要把他捆绑起来。经过一番解释，对方才罢手，但是仍旧不愿为他通报。等陈胜出门时，他便拦路呼喊陈胜的名字。陈胜听到了，于是召见了他，并与他同乘一辆车回宫。

从此，这个伙计经常进出宫中，行为越来越放肆，而且还常常跟人讲陈胜从前的一些旧事，惹人生厌。此时，有人就对陈胜说："您的客人太过愚昧无知，总是胡说八道，这太有损您的威严了。"于是，陈胜就把这个伙计杀了。从此，陈胜的故旧知交都寒了心，纷纷自动离去，自此没有人再主动亲近。后来，陈胜任命朱房做中正，胡武做司过，专门督察群臣的过失。将领们攻占了地方回到陈县来，命令稍不服从，就被抓起来治罪，以苛刻地寻求群臣的过失作为对陈胜的忠心。凡是他俩不喜欢的人，一旦有错，不交给负责司法的官吏去审理，而是擅自予以惩治。就这样，陈胜逐渐失去了人心，成了高高在上的孤家寡人。

在团队内部担任领导职责，或者成为业内的专业人士，必须掌握全面、精准的信息，与各个职位、地域的人建立融洽的信任关系。为此，你必须与众人打成一片，得到认可，而不是高高在上，失去人心。显然，一个人待人处事不接地气，那么他就无法对外界形成公允的认识，也无法赢得人心，这样的人又如何顺利成事呢？

做人正能量

历史不止一次证明,得人心者得天下。一个聪明的领导人应该学会与大家荣辱与共,不要过分把自己看得太重。放低姿态,与身边的人打成一片,不但会得到全面有效的信息,更能最大程度上聚集人气,成为勇担重责的靠山。

因此,亲近更多人,而不是疏远更多人,更能在赢得人心的基础上成为大赢家。人的成就来自于天下归心的智慧,多做接地气的事情,才容易聚拢人气,朝着胜利的目标迈进。

4．把眼界放低，把要求抬高

一个人做事，最忌讳做思想上的巨人，行动上的矮子。有理想和目标，但是能放低姿态，严格要求自己，才能更接地气。有人这样说，"近处着手，远处着眼"。想要成就大事业，万万不可"眼高手低"，过着一种虚幻的日子。

今天，处处充满竞争，"优胜劣汰，弱肉强食"是生存的法则。每个人都渴望获得发展机会，成为业内的专业人士，然而实现这一步需要长久、持续的努力。很多人缺乏长远眼光，单凭炙热的野心去摘取桂冠，忽视能力提升、经验增长的过程，到头来只能落得惨败的下场。

无论是职场还是商场，竞争都是极其残酷与激烈的，"鼠目寸光"的人无法有立足之地。尤其是那种目光短浅、头脑简单，只看眼前的人，很难有所作为。因此，对于希望在职业生涯中更进一步的人，必须首先修习"近处着手，远处着眼"的本事，否则只能有害无益，自讨苦吃了。

浪琴表中国区副总裁麦姬丽，既非名校毕业，也没有学过流行的MBA，她的第一份工作就是秘书。在很多人眼里，秘书就是文书，只要接接电话，整理资料，做好这些不需要太多创造性的工作就能过关。但是，麦姬丽却不这么认为，她说："作为一名秘书，我给自己的任务是，帮助领导把事业做得更好，帮助整个团体顺利工作。做秘书这一项，你可以在不同的行业里工作，这样可以让你学到许多东西。当你对不同的行业有了了解，自己也尝试过和各类行业的人打交道，你才有可能发现哪个工作才是你真正合适做的。找准自己最适合的事业，你就有动力去进步。"

把眼界放低，把要求抬高，让麦姬丽的发展空间一下子变大了。她发现，与其他同事相比，自己有更多机会接近领导，也多了锻炼才干、展示才华的机会。做第一份秘书工作时，麦姬丽和领导合作得非常好，结果后来当领导有机会去"浪琴"发展时，也把她带到了这家大企业。

在浪琴，麦姬丽继续从事秘书工作，并给自己一个很高的定位，不断发掘出自己在晋职方面的潜在优势。凭借干事业的劲头，麦姬丽这个曾经不起眼的秘书找到了一条晋职的捷径，荣升浪琴表中国区副总裁，而随后浪琴表在内地市场的业绩也达到了全球销量和销售额第一。

人想要成功，就要高瞻远瞩，有战略眼光，并能落实到行动。付诸行动很容易，但重要的是执行到位，而不是好高骛远。

所有成就大事者，都是手在高处、眼在低处——即通过实际行动去实现自己的宏伟目标，而不是眼高于手，总是飘飘然。也就是说，把行动落到实处，不能眼高手低，光想不做。

很多成功人士都有过这样的体会，他们经常要面对压力、错误、紧张、失望的挑战，并苦中作乐，以此作为精彩生活的内容；但也有人无法应付生活的挑战，最终败下阵来。这就是成功者与失败者之间的差距。

今天，一些大学毕业生自以为读万卷书，长了不少见识，未免有点飘飘然。总认为自己的付出与报酬不等价，对自己的所得也越来越不满意。打拼几年后，自己越想得到的却越是得不到，于是不知足的心理就占据了全身心。

有这样一个年轻人，对什么都不满足，总觉生活对自己不公平。但在一次出海中，他一下子懂得了许多。

年轻人看到一个老渔民，几十年来坚持在海上打鱼。看到他从容不迫、不急不躁的样子,年轻人十分钦佩,不禁问道:"每天你要打多少鱼?"渔民说:"嗨,孩子,没必要计较打多少鱼,不空手而归就很好了。我儿子上学的时候,为了缴清学费,就想着每天多打一点,如今,他都毕业了,我也就不期盼那么多了。"

很多年轻人有时并不能摆正自己的位置,会因取得一点成绩就沾沾自喜,觉得无人能敌,目中无人。这样一来,反而让事业停滞不前。如果放低欲望,提高对自己的要求,则能获得无穷的动力,迎来大发展的机会。

现在,我们没有任何理由去鄙视那些所谓低层次的创业者,他们放低姿态苦苦奋斗,同样让人敬佩。这些草根为何能取得成功呢?一个重要原因是没有心理负担,少了顾虑,放下了思想包袱,把自己的位置放得很低。如果你也能对自己说,"大不了自己回家种地去",那么自然可以集中精力做好该做的事,充分发挥优势,真正超越自己,离成功越来越近。

无论你是天之骄子,还是满面尘土的打工仔;无论你才高八斗,还是目不识丁;无论你是大智若愚,还是大愚若智,如果没有找到自己的位置,不能让自己更接地气,一切努力都会徒劳无益。

勤于行动,胜于勤说,"说一尺不如行一寸",真正会办事的人往往不会空口说白话。有人说,现实是此岸,理想是彼岸,中间隔着湍急的河流。那么,行动便是架在川上的桥梁。

有这样一则古代寓言,"蜀之鄙有二僧":在四川的偏远地区有两个和尚,其中一个穷和尚、一个富和尚。有一天,穷和尚对富和尚说:"我想到南海去,您怎么看?"富和尚说:"那你借助什么工具去呢?"穷和尚说:"我只要一个水瓶、一个饭钵就足够了。"富和尚说:"我多年来一直想租条船沿着长江而下,到南海那里去,但现在还没实现呢。"第二年,穷和尚从南海顺利归来,并告诉了富和尚,富和尚既震惊又惭愧。这则小故事说明了一个简单的道理,放低姿态,努力去行动,才会梦想成真。反之,如果眼高手低,一切都是空中楼阁。

今天，人们最爱说的一句话是，"理想很丰满，现实很骨感"。不过，现实并非总是残酷的，而是你的定位太高了，超出了自己的能力。把姿态放低，以平和的心态去完成每一件事情，自然会一步步取得成功。无论手头上的事多么不起眼、多么烦琐，只要认认真真地去做，就一定能逐渐靠近理想。

做人正能量

树立了远大理想，就要保持一颗平和的心态，不能好高骛远，而是落实到行动上，在进步中接近目标。立足当下，把眼前的每一件小事办好，一步步去实现远大的目标，才是迈向成功的关键。摆正你的位置，放低你的姿态，时刻保持谦逊的胸怀，功到自然成。

5. 得到他人认同，更容易办成事

大多数人都会有惺惺相惜的情感，遇到和自己有同样理念或者价值取向的人，都会不由自主地去提供帮助。因而，他们在办事时能够得到外界的认同，一切都显得顺风顺水。反之，如果不被认同，那么你就无法被社会接受，干什么都举步维艰。得到他人认同，其实就是获得心理期许，摒弃我行我素的莽撞，显然这样办事更易成功。

在这个纷繁复杂的世界，如果一个人有良好的品德，那么人们会在情感上认同他，敬佩他，甚至很乐意提供帮助。

说起蒙牛集团的前领导人牛根生，大家无不称赞，他的发家史也很有意思，非常值得研究。从求学开始，牛根生一直在不断地积累信誉，这成为他后来崛起的一大密码。上大学的时候，他常到北大经济管理学院去旁听与经济相关的课程。因为这个外系的小伙子堂堂必到，学院里的老师和同学大都认识了他，再加上其人品特别好，非常富有人格魅力，在做人方面又老实厚道，很多人都愿意和他深交。

同样，牛根生在伊利集团因为为人实在、严守信用，在很短的时间内就赢得了众多供货商和销售商的认同，并结识了行业内外的众多朋友，迅速打开了局面。后来，牛根生从伊利集团出来，来到当时名不见经传的蒙牛。据说，那时的蒙牛资金极其缺乏，令人想不到的是，圈内朋友们很快了解到这一情况，主动提出借给他100万元，并且不需要提供任何担保，而仅仅是因为有牛根生这个人在。

在蒙牛大力发展，准备进入良性状态的时候，又遇到了资金瓶颈，牛根生想到了在摩根斯坦利任职的一位好友，而这个人就是他在北大期间通过朋友介绍认识的。很快，他找到了这位朋友所在的投资银行，并向对方寻求资金帮助。由于牛根生人品好，并被看好，很多人都愿意为其担保，最终成功地获得了总额约为5亿美元的贷款。在解决了资金瓶颈后，蒙牛获得了高速发展，几年后，一跃而成为一个妇孺皆知的大企业，蒙牛成了真正的"猛牛"。

蒙牛，这家曾经的地方小厂，在十几年前几乎无人知晓，后来却迅速发展为中国乳品行业的巨头，它快速崛起的秘密是什么？很明显，正是因为牛根生有良好的品德，得到了圈内朋友的认同，因此获得外界的帮助，促进了蒙牛的发展。牛根生做人接地气，积累了好人缘，这汇聚成巨大人气，帮助他在经营企业中获得了源源不断地支持。有这样的领导人，企业发展更易进入良性循环。

一个人有能力，可以把事情处理得圆满、到位，不在于他本身多么有魅力，而是他能处理好与周围人的关系，最大程度上得到他人的心理认同。就像牛根生一样，注重积累信誉，其实就是赢得人心的过程，他人与你气息相通，步调一致，就没有做不成的事情了。

徐耀，不过是河北省某县城的一个普通农民，他在20岁的时候在县城里开了一家小饭店。有一天，徐耀看见离饭店不远处的地方，有一辆轿车出了故障，而这时候外面正下着瓢泼大雨，车主急得抓耳挠腮，转来转去，完全不知道该怎么做。善良的徐耀便叫来店里的司机，让司机开着货车送他回家，而自己则帮忙照看那辆出故障的车，等着第二天车主带人来修车。后来，细问之下，徐耀才知道车主竟然是本县的一位著名企业家！

徐耀雪中送炭的举动无疑赢得了企业家的好感与认可。在他的帮助下，徐耀改行做了五金和建材生意。企业家还把本地另外几位出名的大企业家介绍给徐耀认识。这几位企业家都钦佩徐耀助人为乐的精神，更认同他这个人，一致表示愿意支持他的事业。就这样，徐耀在商场上大展拳脚，很快迈向成功。

说话办事时，想要把事情办得漂亮，就必须得到他人的认同。不同的人有不同的思想，我们无法改变一个人，但是可以转变他们的思想，说服他们，得到他们的支持，从而把事情做得更好。

无论在哪个行业，在什么岗位上，最根本的制胜之道是赢得他人的支持，得到认同以后你就掌握了改变世界的力量。因此，迈向成功的关键一步是放眼四周，关注那些影响你行动的关键人物。当你懂得关注他人的感受，并努力赢得他人的认同，你就踏上了成功的康庄大道。

为什么有的人干什么事都没头绪，或者四处碰壁。许多时候并非他们能力不行，而是没有抓住人心这个要害。照顾身边人的感受和利益诉求，才能得到认同，获得支持的力量。当身边的人与你同呼吸、共命运，那么你就成了掌控局面的大赢家。

做人正能量

得到别人的认同，事情办起来会更容易，因为别人的认同，同时也代表着一种信息：他会帮助你，或者按你说的做，无论哪一种，都有利于达成合作。想要做一个成功的人，就必须做好每一件事，得到他人的认同是非常必要的，从现在开始，努力赢得外界认同，自然得到更多帮助，离成功的目标越来越近。

第四章

诚信立身：不被信赖，怎能成为可靠的自己人

> "人无信则不立"，一个人不讲诚信，终究一事无成。诚信文化在中国传统文化中占着很重要的地位，它不仅关系到一个人的品格与修养，更体现着一个人的价值观。赢得他人信赖，才会被当作自己人，进入特定的圈层分享信息，赢得更多价值。

1. 信用当品牌，"诚"是做人靠谱的硬指标

诚信是中华民族的传统美德，鲁迅先生曾说过："诚信为人之本。"诚信作为一个非常基本的道德原则，却往往被人所打破。然而，一个人如果想在有生之年有所作为，必须谨记：时刻坚守诚信原则，才会赢得合作与被尊敬的机会。也就是说，一个人讲诚信，人们才会信赖他，才会与他深交，与他合作；一个人讲诚信，人们才会认为他靠谱，为他贴上"诚信"的标签。

海尔集团发生过这样一件事，在与客户签发合同之后，由于种种原因，公司延误了发货时间。为了信守合同，公司决定采用空运，为此损失了一大笔钱，却由此赢得了信誉。当时，负责人自豪地说："我们之所以成功，是因为宁可失去所有的财产，也不愿失去信用。"

生活中，诚信作为一个最基本的做人准则，历来受到世人重视。因为这不仅关系到一个人安身立命的问题，也是个人实现良好发展、走向成功的关键。有信誉的人，就是靠谱的人，反之会被拉入黑名单，想做什么都会寸步难行。

江滨化工二厂年产硫代硫酸钠高达4万吨，产量列全国之冠，基本上每年出口硫代硫酸钠接近1万吨，至少占全国出口总量的一半以上，这是江滨化工二厂所取得的骄人业绩。然而，在不为人知的背后，是一个又一

个诚信故事。

有一次，厂里跟一日本客商签订了50吨硫代硫酸钠的合同。快到交货期时，该厂发现其中有5吨产品外观没有达到要求，尽管不影响产品的使用，但是董事长陈广涛非常果断地撤回了这批产品，并组织工人连夜加班重新生产，确保按时交货。由于该厂对产品质量的一丝不苟，从而赢得了广大客户的信赖，而江滨化工二厂也赢得了越来越多的订单。

随着食品安全观念越来越强，国家相关的政策也比较严格，这在不经意间为江滨化工二厂带来了机遇，因为陈建涛讲诚信，大家都信任他，产品自然一直处于供不应求、带款提货状态。曾经有人建议陈广涛趁此机会适当提价，赚取更多的利润。其实，陈广涛也曾算过这笔账，如果每吨价格上浮50元，产量每年4万吨，会增加200万收入，但是，这只是短期的，几十年的信誉岂不是会因为这200万而有所损失，完全是得不偿失。

企业改制以后，有人这样劝董事长陈广涛："现在社会上私营企业逃税、避税现象非常普遍，你为什么不在账面上做些技术处理，做些假账，减少账面上的销售、利润，这样不是对企业、对股东都有利无弊吗？"但是陈广涛认为遵纪守法、按章纳税，是每一个企业和公民应尽的义务，不可以为了一己私利而去做虚假的东西。

正是因为陈广涛诚实，讲信用，很多人都愿意和他合作，并且与他有着良好的私人关系，大家都称道他是个靠谱的人。其实，想要成为一个成功的人，必须有自己的威信，而树立威信的一个方法是让大家认识到你是个讲信用、靠得住的人。

春秋战国时期，秦国在经济、政治、文化等多个方面都落后于其他中原诸侯国。临近的国家——魏国也比秦国强很多，还从秦国夺去了河西的一大片地方。在公元前361年的时候，新君秦孝公即位，他不满秦国的现状，下定决心，发愤图强，希望秦国可以变得强大起来，首要任务便是搜罗人才。于是，他下了一道命令："无论是哪个国家的人，只要能想出使秦国富强起来的办法,就封他做官。"

在秦孝公的强烈号召下,吸引了很多有才能的人。一个叫公孙鞅(即商鞅)的卫国人,一开始在魏国宰相公叔痤手下当官,因为看中他的才能,公叔痤在临终前把他推荐给魏惠王,但是未得到重用。郁郁不得志的商鞅便来到秦国,趁这个机会,他托秦孝公宠臣景监引荐,终于见到了秦孝公。商鞅对秦孝公说:"农业是国家的根本,想要富裕,就必须重视农业,把农业搞上去;想要强大,军事是最好的利器,所以一定要奖励将士;而想要把国家治理的井井有条,必须赏罚分明,这样的话,朝廷才会有威信,一切改革的进行也就容易了。"

秦孝公对商鞅的主张非常赞同。但是秦国的一些大臣和贵族却非常反对。秦孝公看到反对的人太多,而自己刚刚即位,怕闹出什么乱子,有些忌惮,便把改革的事暂时搁置。两年之后,秦孝公的君位已经坐稳了,准备进行改革,便把改革制度的事交给了商鞅。商鞅很快起草了一个改革法令,但是当时他在百姓中威信不高,害怕老百姓不信任他,因而不遵守法令或者阳奉阴违。于是他就先叫人在都城的南门竖了一根高达三丈高的木头,并且下命令说:"如果谁能把这根木头扛到北门去,就他赏十两金子。"

很快,在南门口便围了一大堆人,大家七嘴八舌地议论着。有人说:"谁颁布的命令,还赏金子,莫不是骗人的吧?"有人说:"这也许是左庶长在开玩笑呢。"大伙儿你看看我,我看看你,却没有一个敢去扛木头的。商鞅心里清楚,这是因为老百姓不相信他下的命令,于是就把赏金提到五十两。令人没有想到是赏金越高,看热闹的人却越觉得不合理,仍旧没人敢去扛。重赏之下必有勇夫,正在大伙儿纷纷议论的时候,有一个人从人群中走出来说:"我来试试。"紧接着,他把木头扛起来就走,一口气直接搬到北门。商鞅立刻派人把五十两金子拿出,当着众人的面赏给扛木头的人。这件事立即传了开去,一下子轰动了整个秦国。老百姓都说："左庶长的命令不骗人。"

商鞅明白，他的命令已经开始起作用，于是他就顺势公布起草的新法令，新法令得到了很好的施行。而秦国自从商鞅变法以后，农业生产增加了，军事力量也强大了。不久，秦国进攻魏国的西部，从河西打到河东，把魏国的都城安邑也打了下来。

正是商鞅立木为信，取得了老百姓的信任，大家都愿意听从他的号令，才使得改革可以顺利进行，使秦国壮大。商鞅能够入得史册，被认为是一个难得的能人，与他讲信用有莫大的关系。商鞅以信用当招牌，成为一代改革家，不仅推动了秦国的变法图强，更树立了诚信立身的好形象。

把诚信当作个人品牌去经营，才会被认为是可靠的人，从而融入特定的圈子，进而获取相应的资源与信息。否则，如果被贴上失信于人的标签，那会成为人人喊打的过街老鼠，难以立足，更不用说有所发展了。在我们周围，有的人不讲诚信，对社会造成了一些危害，他们被人诟病，害人害己。想成为大家眼中靠谱的人，务必要把诚信当作金字招牌。

做人正能量

诚信不仅仅是一个人做人的准则，更是衡量一个人是否靠谱的工具，一个想要获得长远的成功，讲诚信是必需的。做一个讲诚信的人，坦坦荡荡，清清白白做事，何愁大业不成？

2. 一言许人千金不易，答应了就要全力以赴

古语有云：言必信，行必果。每一个人都要讲信誉，要对自己的话负责任，这是对一个人诚信的考验，也是对一个人品行的检测，只有通过这个考验，别人才会认为你是一个可靠的人。假如答应别人却不做到，言而无信，那么必然会被认为其品行不好，不值得信赖，久而久之就失了人心和人缘。

一个好汉三个帮，一个人的成功离不开他人的支持，而关键在于谨守诺言，用实际行动赢得认同，从而开创一番事业。

季布是秦末楚国的义士，他特别耿直，生性善良，乐于助人。只要是答应过的事情，无论怎样，他都一定要设法办好，即使给他千金也不改变，因而他受到当时很多人的赞誉。他在项羽手下任职时，就曾多次打败刘邦。在多年之后，项羽兵败，乌江自刎，刘邦便悬赏捉拿季布。但是因为季布深得人心，大家都乐于帮助他，他总能逃过追捕。后来汝阴侯滕公说情，刘邦撤销了通缉令，并且把季布封为中郎，不久之后又改封任河东太守。

这便是"一诺千金"的由来。季布答应别人的事情一定会做到，凭借这一点，大家都非常喜欢、支持他。也正是因为成为大家倚重的人，他才保全了性命，得到了善终。

多少有成就的人，都严守重诺的原则，任何时候都说话算话，懂得答应别人的事情就一定要做到。凭借这一点，他们成为靠谱的人，于是得到重视、推荐，赢得了无数发展机会。在这里，一诺千金体现了一个人的责任意识，也就是对他人负责到底的决心和责任感。如果你始终无法得到机遇的垂青，无法得到贵人相助，不妨反思一下是否屡屡失信于人，少了一诺千金的招牌。

吴乃宜有着"诚信老爹"的称号，在商界受到大家的拥戴。在2006年的时候，他的四个儿子多方借钱买了一艘钢质渔船，然而天有不测风云，一场超强台风给四兄弟带来了灭顶之灾，三个儿子当场死亡，只有二儿子死里逃生。台风过后，很多债主上门要讨款。其实，77岁的吴乃宜可以拒绝，因为那不是自己借的，但是他说："这钱，我一定还。"

随后，吴乃宜先是变卖打捞起来的渔船，再加上24万元的保险赔付款，凑够了40万元，尽管如此，还是剩20多万元钱没有着落。在接下来的日子里，吴乃宜编织渔网，借此取得微薄的收入，自己节衣缩食，慢慢地还清了债。后来，吴乃宜的事迹在当地传播，很多人都知道了，他却不以为然："做人要诚实守信，答应别人的事一定要做到。"

吴乃宜用最朴实的方法，告诉了人们什么是诚信。做人要守信，尤其是在金钱方面，好借好还，再借不难，这便是最简单的道理了。

《季札挂剑》讲述的是这样一个故事：延陵季子在到西边去访问晋国的路上，途经徐国，便佩带宝剑去拜访了徐国国君。徐国国君非常欣赏季子的宝剑，尽管嘴上没有说什么，但表情却透露出对宝剑的垂涎。延陵季子因为有出使上国的任务，不能把宝剑献给徐国国君，但是他有成人之美，在心里已经答应以后给他了。季子出使到晋国之后，总想念着回来把宝剑给徐君，可他不知道的是，徐君已经死在楚国。于是，季子解下宝剑将它挂在徐君坟前的树上。

这个故事中，"诚信"两个字意义深刻，它最感人的地方就在于，季札对于已故之人也不失其承诺，何况他所谓的承诺只存在于自己心里，尽管徐君并不知道他的想法，这种崇高的境界实在让人感动。

许多人一事无成，一个重要原因在于言而无信，久而久之就失去了做人的准则。在他人眼里，这样的人没有责任感，凡事糊弄拖延，怎么敢与之合作呢？当一个人不被信赖的时候，也就是失败的开始。由此不难理解，为什么有的人即便承受再大苦难也要遵守诺言，实际上他们维护的是取信于人的招牌，让人看到的是极力融入特定圈子的努力。他们在以切实的行动向世人证明：瞧，我是可靠的，我说到做到！

显然，有了这种可信的基础，一个人即使身无分文，也能凭借守诺的金字招牌借来金山银山，重新崛起。因此，与人相处务必须重信守诺，千万不可认为那是无足轻重的事情，否则到头来你会砸了自己的招牌，品尝不靠谱带来的恶果。

做人正能量

董必武先生说过："同心可断金，首要重然诺。"守诺，别人自然会和你交往，并信任你。这样的话，对一个人来说，只有好处而没有坏处。说到就要做到，对别人承诺之前，先考虑好，自己是否有这个能力，不要开空头支票，让人反感。在迈向成功的道路上，任何时候都要懂得谨守诺言，首先成为一个踏实的人，才能办成靠谱的事。

3. 良好心态，不要为了成功而不择手段

君子爱财，取之有道。君子不是不爱财，只是他们从正当途径赚钱，而做人也应如此。成功的方法有千千万万，但是人要有良好心态，不要为成功不择手段，正当的途径所获得的成功，才是真正的成功。

每一个成功的人背后都有一个个不为人知的故事，虽然各有不同，但有一个共同点——赚来的钱清清白白，成功的路坦坦荡荡。

华人首富李嘉诚经常说这样一句话："我对自己有一个约束，并非所有赚钱的生意都做。有些生意，给多少钱让我赚，我都不赚；有些生意，已经知道是对人有害的，就算社会容许做，我都不做。"在他看来，赚钱的门路很广，生意更是多得数不胜数，但作为商人，心底要有一杆秤，做生意如果不走正途，那么起得快，落得更快。李嘉诚不仅这样说了，也这样做了，由此凭借一个诚字赢得了天下的生意。

巴哈马是加勒比海地区的一个小岛国，虽然全国人口不到40万，却拥有了700多个天然岛屿，因而这里拥有优良的海港和丰富的旅游资源，正是这个得天独厚的环境吸引了李嘉诚的目光。巴哈马政府开放意识比较高，欢迎任何地方的有钱人来这里投资。在这样的背景下，1997年，李嘉诚的和记黄埔集团进入巴哈马，随后开始持续投资。在这里，兴建了飞机场、大巴哈马岛自由港码头、酒店以及高尔夫球场，李嘉诚成为当地最大

的海外投资商。

为了感谢李嘉诚对当地经济做出的巨大贡献，巴哈马总理英格拉汉姆特意颁发一块赌场经营的许可证。要知道，巴哈马是旅游胜地，全年都有各个国家的有钱人来旅游，这直接导致了赌博业特别兴盛。博彩业是巴哈马来钱最快的行业，有了它就等于是抱着聚宝盆。可以想象，这许可证有多难得。

令人感到意外的是，李嘉诚却拒绝了。他对部下说："告诉总理，这个牌照我交回给他。我们盖的是酒店，租用的人要开赌场不关我的事，我只按市场价值拿我固定的租金。有的钱，比如你掉在地上一毛钱，你不去捡就浪费了。但是有的钱，即使是以亿计算也不能赚。"

事后，他这样解释：很多人认为赌场是一种娱乐事业，每年能挣很多钱。巴哈马政府鼓励发展旅游，我们在那里盖了3个酒店。巴哈马政府总理跟我说，可以马上给我赌场的执照。但是，我要求他们将一个原则立即写在会议记录里……我们自己绝对不能经营赌场。

李嘉诚在长江商学院演讲时说："我的金钱，我赚的每一毛钱都可公开，就是说，不是不明不白赚来的钱。"在香港这个鱼龙混杂的竞争环境中，靠歪门邪道而致富的人肯定不会太少。能像李嘉诚这样完完全全清清白白赚钱的，商界中堪为楷模。

马云也是一个很有原则的人，他曾经说过一句话："我就是饿死也不做游戏。"这种理念帮他确立了"君子爱财、取之有道"的良好形象，提升了其商业品质。

有一次，马云的妹妹和妹夫夫妻两人晚上玩游戏玩到三点半。马云知道之后被吓了一跳，心想自己的妹夫好歹也是一位小有成就的企业家，平时在生意场上非常精明，怎么对于游戏就这么没有一点儿自控能力。接着他又想到连成年人都这样，孩子又会成什么样呢？如果孩子都玩游戏，中国就没有前途可言了。

通过分析马云得出，在全世界时间不值钱的国家里游戏是最畅销的。而全世界最先进的游戏国家，如美国、韩国、日本，从不鼓励自己的老百姓玩游戏，它用来出口。马云如果做游戏，他会成为中国最大的游戏商，但不做游戏是马云的原则，阿里巴巴到现在为止没有投入过一分钱在游戏上面，因为马云觉得游戏不能改变中国的现状。

马云的想法受到很多人的赞扬，他有自己的判断，也希望有更大的发展。但是，他不以违背道德为代价，其商业成功被社会认同，因为他没有危害社会，始终坚持自己的原则。

有些生意虽然看起来发展得快，但很难长久，来得快去得也快。而且一个人如果为了赚钱而违背了自己的原则和价值观，其成长空间将是有限的。从长远看，想要成为真正成功的人，还是要正正经经做人，堂堂正正赚钱。

周某出生在浙江省慈溪市，从小便跟着父亲闯荡，21岁就一个人背井离乡，北至京城，南达深圳，在23岁时获得人生的第一桶金：卖汽车防雾灯赚得千万元。周某在得知某电力公司部分股权将转让的消息后，就从公司高层高价获得转让内幕情况，并针对收购要求，开始制定相应的收购计划。

他先以10万元买通深圳某公司，用8000万元银行贷款进行反反复复的倒账，虚增母公司及7个子公司的注册资本金3亿元，并以11万元买通了深圳市中喜会计师事务所，让该事务所为其做出了一份总资产27亿元、净资产12亿元的2002年度资产审计虚假报告。通过空手套白狼，加入某电力有限公司。而在加入该电力有限公司之后，为了达到侵吞该公司财产的目的，周某不仅修改公司章程，还改组了监事会、董事会。2003年6月至2005年11月两年多的期间里，深圳市明伦集团有限公司及周某等人通过采取"对外投资"等非法手段，占有某电力股份有限公司资金4.69亿元人民币。

事情败露之后，2005年12月30日，周某以涉嫌挪用资金罪被公安局正式逮捕。2006年11月20日，被判无期徒刑。

保持良好心态，不要为了成功不择手段。其实，成功的方法太多，而事实证明，很多时候，能够舍得一些眼前的利益，造福社会，而不是去危害社会，往往会有意想不到的收获。胡雪岩是一个精明的商人，他一生富可敌国，但是他挣钱从来都是走正途，做生意注重招牌、注重面子、注重信用。他用自己的魄力和良好的信誉广罗人才，施财扬名，广结人缘。

在太平天国战乱期间，由于许多兵将死去之后，来不及掩埋，加上天气炎热，所以导致了疾病四起。于是，胡雪岩花大力气研发出大量避疫祛疴和治疗刀伤金创的膏丹丸散，廉价供应给朝廷军队。而且还向路人施药解暑，丹药免费，只是在每包丹药的外包装上都写有"胡庆余堂"四个字。这样一来，既惠及大众，又给自己打了广告。

虽然在这过程中胡雪岩没有利润可赚，甚至还有损失，但是这些做法却有非常大的影响力，极大地提高了胡庆余堂的声誉。而由胡庆余堂建立起来的良好信誉，对其他生意如钱庄、丝茶、当铺等的经营，也起到了促进的作用。

做人正能量

只要想成功，无论如何都会有机会。对人来说，要保持良好心态，别为成功不择手段。也许不择手段，你会获得一时的成功，但是世界上没有不透风的墙，事情一旦暴露，等待的不仅仅是社会的谴责，有时还逃脱不了法律的制裁。那时候，你就毫无公信力可言了。堂堂正正地挣钱，堂堂正正地成功，堂堂正正地做人，是对每个人的忠告！

4．守信者昌，成功打开人际关系的钥匙

"守信者昌，失信者亡"，这句话绝对不是危言耸听，人们都喜欢和靠得住的人交往，因为这样心里有谱，比较踏实。如果一个人总是不讲信用，又怎么会有人愿意和他交往呢？一个讲信用的人，总会吸引别人，朋友会越来越多，再加上跟这样的人交往，人们会很放心，这样的人又怎么不会有好的发展机会呢？

李勉是一个唐朝人，他从小就特别喜欢读书，而且总是以古人君子的言行去要求自己。久而久之，在这种熏陶之下，他拥有着诚信儒雅的君子风度。虽然家境贫寒，但是他却不怨天尤人，贪图钱财。有一次，他出外游学的时候，住在一家旅馆里，遇到了一个书生，对方准备进京赶考。两人一见如故，成了好朋友。之后，二人经常在一起探究学问，谈古论今，有时甚至整晚都不睡觉。

不久，书生突然得了急病，一下子卧床不起。李勉非常担心，立刻为他请来郎中，并按郎中的嘱咐帮忙煎药。一个多月下来，李勉非常耐心地仔细照料着书生，希望他早点好起来。然而，那位书生的病不仅没有一丝好转，反而日渐恶化。看着朋友日渐虚弱，李勉心里很着急，隔三岔五就到附近的百姓家里，寻找一些民间偏方，自己还常常一个人跑到山上，去挖一些珍稀的草药。有一天，李勉从深山上挖药回来，急忙到朋友的房

间，看到对方气色好了一些，心里甭提多开心了。他照样关切地问："兄长，你感觉好些了吗？"书生说："我的身体我自己很清楚，只是回光返照罢了，你也不用太过伤心，我有一事想要麻烦你。"李勉连忙安慰道："不要乱想，今天气色不是好多了吗？想必是上天有惜才之意，你会好起来的。切莫说麻烦小弟，只要能做到的，一定会尽力而做，不用客气。"

书生说："我床下有一小木箱，请你帮忙打开。"李勉便拿出小木箱打开。书生拿出里面一个包袱说："自从我生病以来，多亏了你的照顾，我才得以多活了这些日子。这里面有一百两纹银，本来是赶考的盘缠，如今我也去不了了，待我死后，你用这些银子为我处理后事，剩下的银子你便拿走。你一定要答应哥哥的这个请求，否则我死了也不安宁。"李勉怕书生着急，病情加重，只好假意答应收下银子。

第二天，书生竟然真的去世了。李勉按照对方遗愿，精心为他料理后事。除去办后事的银子之外，还剩下了许多银子，李勉仔细包好，悄悄地藏在书生的棺木下面。后来，书生的家属接到李勉报丧的书信后赶到客栈。整理棺木时，他们发现了陪葬的银子，都感到很吃惊。

在了解到银子的来历后，大家都被李勉的诚实守信、不贪财的高尚品行所感动，都很主动地同他交朋友。后来，李勉在朝廷做了大官，他仍然廉洁自律，诚信自守，深受百姓的爱戴，在文武百官中也是德高望重。

著名主持人崔永元在《不过如此》一书中曾这么描述朋友：朋友，是这么一批人，是你快乐时，容易忘掉的人；是你痛苦时，第一个想去找的人；是给你帮助，不用说"谢谢"的人；是惊扰之后，不用心怀愧疚的人；是对你从不苛求的人；是你从不用提防的人；是你败走麦城，也不对你另眼相看的人；是你步步高升，对你称呼从不改变的人。其中，提防两个字点出了我们对别人的要求。每个人都希望身边的人诚实守信，跟这样的人在一起，不需要猜忌，活得会很简单、很轻松。合作也是一样，每一个公司都希望合作伙伴守信，这样会减少很多麻烦，相应地会带来巨大收益。

有一个这样的故事，一个顾客进入一家汽车维修店，自称是某个运输公司的汽车司机。他对店主悄悄地说："在账单上多写些钱，然后我到公司报销，少不了你的好处。"然而，店主想都没想就拒绝了这样的要求。顾客纠缠着说："我也是经常有活儿，基本上每天都会跑，自然会经常维修，到时候你也会得到很多好处。"店主义正词严地告诉他，这种事无论如何也不会做，既然开门做生意，就应该遵守信义。

顾客非常生气，喊道："多少人都这样干，怪不得你的生意不好，依我看，你就是太傻了。"店主非常气恼，要求那个顾客立刻离开，到别处做这种事情。这个时候，顾客面露微笑，并很高兴地握住店主的手："其实，我就是那家运输公司的老板，以后我会经常来你们这儿维修的，希望大家合作愉快。"

随后，这位运输公司老板和店主签订了一个长期合作的合同，店主一直按照合同上的条款严格要求自己，遵守着这份合同。一来二去，两人的私人关系也逐渐变得亲密，运输公司老板把这家店介绍给自己认识的很多行业内的公司，再加上这家店诚信、不欺客，这家店收益越来越好。

因为店主的诚实、守信，他的公司越开越大，而他的合作伙伴越来越广，被很多业内人称道。讲信用可以让一个人交到更多朋友，开阔自己的事业空间，朋友多了，才能在社会中如鱼得水、游刃有余，才能为事业上的成功开辟出宽广的大道。相反，如果一个人不讲信用，则会把自己逼到一个孤立无援的地步，别说成功，连安安稳稳地生活都成问题。

《郁离子》中记载了一个因失信而丧生的故事：济阳有一个商人，有一次过河时船沉了，他急中生智，抓住一根大麻杆大声呼救。河边的一个渔夫听到声音赶来。商人大声喊："我是济阳首富，只要你救了我，我就赠送给你一百两金子。"商人被救上岸后，只给了渔夫十两金子。渔夫责怪他不守信，说话不算数。富翁却说："你只是个贫穷的农夫，一辈子也未必能见到这么多金子，给你十两已经算很多了。"渔夫虽然很气愤，但也无可奈何。后来，商人又一次遭遇沉船，当他再次呼救时，那位渔夫刚好在场，他说："这个商人不守信用，上次答应给我一百两金子，却只给了我十两。"大家知道后，没有人去救他，最后，商人淹死了。

一个人若不守信，便会失去别人对他的信任。所以，一旦他处于困境，便没有人再愿意出手相救。失信于人者，一旦遭难，只有坐以待毙。所以说，人必须守信，从而获得永久的成功。对每个人来说，诚信是一个金字招牌，是建立良好关系的密码。少了这一点，做什么都难上加难。而一旦赢得信任，自然会被当作可靠的圈里人，在共享资源中迎来发展机会。

做人正能量

守信可以让别人感觉你可以信赖，自然而然会结交你，这样，可以开阔你的社交网络。对人来说，信任关系就是命脉，你拥有的关系资源的多少决定了你是否可以成功。所以，奉劝各位想有所作为的人，如果获取更大成功，必须关系先行，守信为重中之重啊！

5. 表里如一，成大事者都保留了自己的本色

表里如一是一份为人的坦诚，也是一种处事的自信，能做到表里如一的人堪称"君子"。表里如一，就是无论什么时候，都要保持本色。爱默生说，做人要保持本色。对人来说，本色表现令人敬佩，给人坦荡的畅快感，这恰恰是赢得信赖的关键。

有一个农夫，在田地里捡到一枚非常稀有的金币，不过金币的外表因为年代久远看起来有些肮脏。邻居听说了这件事，都跑来看农夫的那块金币，并争相购买。农夫表面不动声色，心里面却想着怎样能够让他们出价更高，自己可以获得更多的财富。于是，他回到家里，找来砂子和打磨金币用的工具，心里想，只要将金币外表的污物去掉，这样金子一定能卖个好价钱。污物被去掉了，随之而去的还有细小的金屑，当农夫让一位老者估计金币的价值时，这位老者摇了摇头，告诉他，金币的分量少了，价值自然也就低了，农夫非常后悔。

这个农夫想要打磨金币，使它有更高的价格，殊不知，正是因为这个举措，反而降低了金币的价值。在生活中，类似这样的情形数不胜数。很多人人云亦云、见风使舵、随波逐流、阿谀奉承、尔虞我诈，这便是失去了本色，甚至失去了人格，往往被人看轻。相反，那些表里如一、善始善终的人，不因遭遇的好坏、优劣而改变自己的目标、追求、信仰和做人的

标准，所以被他人重视，并由此得到理解、支持。

欧文·柏林是美国历史上非常有名的一位作曲家，他刚刚进入乐坛的时候，每个月的工资只有120美元。而在当时，美国音乐家奥特雷在音乐界正是发红发紫，很多人都喜欢他。奥特雷非常欣赏欧文·柏林在音乐上的天赋和能力，于是就问欧文·柏林是否愿意做他的秘书，一个月工资为800美元。为了让柏林能充分加以考虑，以便最后做出正确的决定，以免将来后悔，奥特雷必须把话讲清楚。

他说："柏林先生，如果您接受我的邀请，有可能成为二流的奥特雷；假如您坚持自己的本色，总有一天会变成一个一流的柏林。"欧文·柏林考虑了很久，决定接受奥特雷的忠告，不去当他的秘书，直接在音乐之路上继续闯荡。最后，他获得了观众的认可，也获得了成功。

其实，有很多演艺界的人都有相同的经历：卓别林刚开始拍电影的时候，很多导演希望他模仿一个当时很有名的笑星，但卓别林没有同意，反而自己创造了一套独特的表演方法，并用这种表演方式获得了观众的喜爱。鲍伯·霍帕虽然演了很多年的歌舞片，却一直成绩平平，没有什么大的发展，直到他发现自己有讲笑话的本领后，凭借自己这个长处，才得以成功。同样，威尔·罗吉斯一开始的时候，在杂技团里做抛绳表演，却没有获得多少人的喜爱。后来，他运用幽默的天分，一边表演，一边讲笑话，使观众们特别开心，因此获得了成功。

金·奥特雷刚出道的时候，乡音很重，他想要改变乡音，做个城里的绅士，总是自称是纽约人。结果可想而知，大家都在他背后笑话他，后来一个偶然的机会，他开始弹五弦琴，唱西部歌曲，这个时候，大家都很喜欢他唱的歌，而他也成为全世界在电影和广播演艺圈最有名的西部歌星。

大家熟知的许三多（王宝强饰演），也一直是表里如一，保留着自己的本色。在北京召开自己第一支单曲《有钱没钱回家过年》的发布会上，王宝强非常有感触，"有钱没钱"一度也是困扰他的大事。王宝强做

"北漂"的时候,当群众演员尽管一天很累,却只能赚20元,而靠这20元他能花上一个多星期。王宝强说:"刚到北影厂的时候,什么也不懂,看见有导演、群众演员头过来挑演员,就给人家翻跟头,说在少林寺学过功夫。"他在8岁的时候看到《少林寺》,便萌生了演武打电影的念头。直到去了少林寺练了6年的功夫,才知道拍电影究竟是怎么回事。之后,他开始北漂,做演员、打工。

第一部做主角的电影试镜时,王宝强面对镜头,因为紧张而吞吞吐吐,觉得演砸了,自己绝对没机会。令他没想到的是,正在工地干活的时候却收到了导演的邀请。谁都没有想到,"不会说话就是导演要的状态"。王宝强由此走上银幕,直至后来被冯小刚看中,出演《天下无贼》,广为人知,从此片约不断。不过当红的王宝强依旧保有农村孩子的质朴。妈妈烙的饼、擀的面条、炖的灰菜,还有家里蒸的年糕,让他心驰神往。王宝强说:"下地干活,在除了草的地里翻跟头,这样的日子很幸福。"现在只要一回家,他都会帮助爸妈干农活,否则浑身不舒服。

人活着,常常感到苦、感到累。与人寒暄,言不由衷;为人处世,身不由己。在灯光迷离的舞台上,搽脂抹粉重衣冠,在觥筹交错的宴席间,虚与委蛇频频举杯;在步履匆匆的旅途上,面如春色轻轻握手。可是,其中有几许真几许诚?戴着面具,去演绎逢场作戏的故事,用坚固的铠甲与盾牌去防备人家包裹自己。如此时时警戒的化装,能不感到苦与累吗?其实,何必呢?倒不如本色出演,表里如一,多少成大事者仍保留自己的本色。

从前,有一个皇帝想要整修京城里的一座寺庙,便派人去民间寻技艺高超的设计师,目的是希望他们能够把寺庙整修得既美丽又庄严。几天之后,两组人应征。令人意外的是,其中一组是京城里有名的建筑工匠,而另外一组却是几个和尚。皇帝不知道哪一组比较合适,于是,就想考验一下他们,让他们分别装饰一间寺院,十天之后,看哪一组装饰的效果好。

第一组要了很多的颜料、工具以及一箱金银珠宝等，而和尚们只要了一些抹布和几个水桶。十天之后，皇帝来查看结果，只见工匠们装饰后的寺庙非常奢华，而且寺庙里面的东西都非常精美，令人叹为观止。

不久，皇帝参观和尚修整后的寺庙，立刻愣住了。寺庙还是原来的寺庙，只不过更加干净整洁了，寺庙与青山蓝天映衬，显得宁远肃穆，仿佛它本就该是那个样子，皇帝被寺庙的庄重所折服。

其实，每件事物都有自己的风格和特点，有时我们需要做的，仅仅是如实地展现它们自己的本色。因为这样，才是它最自然的样子，也是最吸引人的样子。所以，想要做一个成功的人，一定要表里如一，保留自己的本色。你是什么样子，就原封不动地呈现给大家，这样才令人放心，让人敬佩，赢得朋友。否则，矫揉造作、虚情假意那一套令人厌烦，注定会破坏掉你来之不易的一切。

做人正能量

走进朋友的内心，不能凭把盏的次数，不能凭语言的花巧。华丽的包装饰出迷人的美，却常掩盖了做人的真；漂亮的祝福能愉悦神采，却不能滋润心田。人以本色示人，不是浅淡，也不是冷漠，而是凭借真实的一面让人走进你、认同你，给人留下可靠的印象。须知，这个世界上没人喜欢和一个表里不一的人做朋友，因为对"真"的追求是千百年来永恒的主题。在发展关系、建立友谊的过程中，最有效的方式就是表里如一。

6. 实力不够，信义助你突出重围

中国是一个文明古国、礼仪之邦。历来重视诚实守信的道德修养。东汉许慎在《说文解字》中说："信，诚也。"古代的圣贤哲人对诚信有诸多阐述。"君子之言，信而有征"。征，为证明，验证之意。"言之所以为言者，信也；言而不信，何以为言？"就是指人说话要算数。"诚信者，天下之结也"，意思是说讲诚信，是天下行为准则的关键。

孔子多次讲过诚信，比如："信则人任焉""自古皆有死，民无信不立。"墨子也极讲诚信："志不强者智不达，言不信者行不果。"老子把诚信作为人生行为的重要准则："轻诺必寡信，多易必多难。"这就把诚信提高到一个新的境界。总之，古代的圣贤哲人把讲信义作为一项崇高的美德加以颂扬。其实，信义虽不是金钱，但它的价值却高于金钱。有时，信义还会解燃眉之急，帮你突出重围，尤其当你实力有限的时候。

湖北孙水林兄弟俩作为包工头，每年在年前，都会给农民工结清工钱，让大家开开心心地过年。2009年底，哥哥孙水林为赶在年前给农民工结清工钱，在返乡的途中发生了车祸，全家当场死亡。弟弟孙东林为了完成哥哥的遗愿，想办法凑钱，终于在大年三十前一天，将工钱送到了每一位农民工的手中，兄弟俩的诚信之举深深打动了全中国的人。社会各界都纷纷对其进行捐款，还清了孙东林兄弟的债务。

人生路上，谁都有"揭不开锅"的时候，巧妇难为无米之炊，然而，信义却可以帮助我们渡过难关。这源于那一份信赖，因为大家相信，帮有信义的人一把，就等于帮了自己。

经验表明，一个人要想在社会立足，干出一番事业，就必须具有诚实守信的品德。一个弄虚作假，欺上瞒下，糊弄国家与社会，骗取荣誉与报酬的人，是要遭人唾骂的。讲信义首先是一种社会公德，是社会对做人的基本要求。要知道，信义可以帮助我们创业，更可以帮助我们守业！

早年，南金乐为了改善家庭环境，毅然放弃已考上的当地重点高中，外出创业。带着500元钱，他在老乡的带领下来到丰城，开始做起矿山配件销售的工作。虽然人生地不熟，刚接触工作，对业务也不了解，但是，他非常努力，一个人四处找客户。但在他看来，经商偷奸耍滑是没有前途的，必须实实在在做事，诚实守信。刚开始的时候，他跟着老乡非常勤恳地学，不管到哪儿，无论是否属于分内的工作，只要人家有要求，他都会积极地去做。艰难中创业靠的就是诚信，他一直抱定这样的一份信念，做事要讲诚信。他特别勤快，只要有订单，无论金额大小与地方远近，都会在最短的时间里送到。

那时候，竞争非常激烈，南金乐接到了一笔大单子——洛市矿务局一笔3万元的业务，并因诚信获得了厂商的好感。于是，这个厂家把这件事告诉了其他客户。很快丰城大小煤矿和设备公司都知道了这个讲诚信的阿乐，并且大家都很喜欢他，于是南金乐接到了越来越多的订单。3年后，他用自己的积蓄三万块钱在宜春城区东风大街上开起了自己的公司——宜春电机设备供应站。

公司发展得很快，在短短的几年之后，南金乐在宜春建市场、办企业、购土地、搞经营，凭借"踏实""信用"作风，不但在宜春站稳脚跟，而且还有了更大的发展。南金乐秉持"诚信经营"的理念，使产品覆盖面从原来全市范围扩展至全省以及全国诸多省份；2012年，又与世界

500强法国施耐德电气公司建立了战略伙伴合作关系，并成为该公司部分电气产品在国内的生产基地。现在，三龙已成为江西省最大的电气制造公司，整体实力列全省范围龙头地位。南金乐诚实，讲信义成就了三龙，也成就了自己。

讲信义，看起来是个很小的事情，但是做起来并不简单。只要坚持下来，最后受益的往往是自己。当你实力稍弱的时候，它会帮你突出重围，因为诚信始终是含金量最高的招牌，能够帮你聚拢人心与人气。

人们喜欢与讲信义的人打交道，缘于将心比心的人生感悟。谁都有马高镫短的时候，暂时的援手其实是为自己储备人情。换句话说，帮助信义的人，其实是在帮助自己。而信义，帮你成功进入了特定的圈子，成为可靠的自己人。

做人正能量

清代顾炎武曾赋诗言志："生来一诺比黄金，那肯风尘负此心。"表达了自己坚守信用的处世态度和内在品格。中国人历来把守信作为为人处世、齐家治国的基本品质。

自古以来，讲信义的人受到人们的欢迎和赞颂，不讲信义的人则受到人们的斥责和唾骂。因而，讲信义可以扩宽合作关系，而这作为一种无形的资产，有着极高的价值。当你实力不够时，自然会发挥它的独特作用，因为人们总是喜欢帮助靠谱的人。

7. 守不住秘密的人，永远不会被当作可靠的自己人

每个人心中都有一片不容他人窥探的领地，如炙热的恋情、心底的理想、尴尬的错误、难言的隐私等。当然，我们也会找一些人倾诉，让自己亲近的人知晓这些秘密，但是绝不会希望亲近的人将自己的秘密泄露给第三者。这些秘密一旦被他人泄露，人们将遭受背叛的痛苦，而那些泄密者也将彻底失去应有的信任。守住他人的秘密，保护好他人的隐私，是一种美德，更是人与人交往的基础。

一位朋友曾经讲述了自己的一段亲身经历。多年前的一个傍晚，一个同事来到办公室，恳求他帮忙。接着，同事把一个袋子拿出来，严肃地说："这个袋子的东西记载了我以前的一段美好回忆，照片上的女子是我大学的初恋情人，因为双方家长不同意我们在一起，再加上毕业后我们去了不同城市，这段恋情就结束了。可是，很多年来我都放不下她，这些照片我也就珍藏下来了，毕竟这是我心路历程中一段美好的回忆。现在，我娶到了一位温柔可人的妻子，非常爱她。我舍不得把这些照片丢掉，又害怕妻子误会我还忘不了初恋情人，所以请你这个最好的朋友帮我保存。"

等他说完，这位朋友用胶水粘好封口，锁进了自己的抽屉里。可是有一天，那些照片被无意中泄露了出去，最后部门的同事几乎都知道了这件事，甚至有人还议论那个同事太滥情。于是，这位同事以为是朋友故意

泄露了秘密，从那天起就没有私下找过对方，曾经深厚的友谊也因此破裂了。朋友曾经想过解释一下，说明自己是无意的，希望求得原谅，可是还没寻找到合适的机会，这个同事就辞职了，他担心妻子知道这件事。直到今天，这位朋友仍然为那叠照片的事感到心痛。

因为一次失误，泄露了同事的秘密，结果失去了一段珍贵的友谊。无论是有心还是无意，泄露对方的秘密必将失去对方的信任，也将原本融洽的友谊伤害得体无完肤。

有时候，守住他人的秘密可以影响人的一生，其重要性怎么强调都不过分。马刚曾经在公安局的资料科工作，传递到公安局的大部分资料信件，都会先经他的手，然后再发送给公安局的同事。由于局长工作忙，所以他让马刚将相关信件先看一遍，然后把重要的呈上来，而一些无关紧要的信件则由马刚直接回复。

某一天，马刚在一大堆公函和群众来信中发现有一封写着"局长亲启"的信。他打开一看，发现这是一封检举信，信中称单位的一个同事品行不端，学历造假。马刚看完信后很震惊，仔细回忆被举报的那个人，待人很真诚，做事也非常认真，专业技能也不错，从哪里看也不像个骗子啊！这是恶意诽谤，还是确有其事？马刚也不能确定。不过有一点很清楚，如果交出这封信，将改变这个年轻人的命运。因为局长是军人出身，出了名的暴脾气，已经有很多人因为举报信受到惩罚，而且大多数并没有被核实。如果局长知道这件事，被举报年轻人很可能被直接开除，那么他的前程也就完了。

在这个竞争激烈的城市，那个年轻人的职场生涯才刚刚起步。于是马刚动了恻隐之心，悄悄将这封信收起，之后亲自调查这件事，发现确为他人别有用心的污蔑。因为马刚守住了秘密，这个年轻人没留下一丝污点。

守住他人的秘密是一份善良和真诚，也是一种对生命的理解和醒悟，更是做人需要承载的责任。许多时候，我们不能守住秘密，往往造成许多遗憾。别人要求你保守秘密，往往认为自己可以做到守口如瓶。或许刚开始的几天，你可以靠自己的意志力管住自己的嘴。然而过不了多久，就会淡化守密意识，忍不住想要跟别人分享自己知道的秘密。这是许多人的通病，不少人因为这个缺点吃了亏。

那么，人们为什么做不到守住别人秘密呢？究其原因，主要有以下几点。

第一，泄露秘密，有时候实际上是一种试图减轻内心压力的宣泄，这与个人情感波动有关。当一个人的内心压力过大，他就会下意识地寻找一个发泄口，渴望将心中的秘密与周围的人分享，以至于常常忽略这样做的后果。当然，也有可能是当事人根本没有意识到这个秘密的重要性以及泄密的严重性。有些人知道了他人秘密后，往往抱着事不关己的态度，不能从他人的角度看待问题，即使别人的问题十分严重，等到了你的耳朵里也会变成了一分。从你的内心深处就没有把守密看得很重要，于是开始还可以做到守口如瓶，但是过不了多久心理防线就会被打破，心中的秘密也会像竹筒里倒豆子般被全部泄露。

第二，在人际关系中，泄露秘密也可能由于无意识的自我暴露。当与自己很亲密的人交谈时，出于对彼此的信任人们往往无所不谈，谈话内容也毫无保留，于是不经意间就会泄露不该说的秘密。一旦有了开头，而且对方还一再追问，你必然将所有的秘密都告诉对方。有时人们也会由于一些谎言，解除了必要的戒备之心，从而被对方套出自己的话。

总之，人要说话靠谱，意识到保守秘密的重要性。无论是自己的秘密，还是他人的机密，都要做到守口如瓶。对于自己的秘密，可以找人倾诉，但是必须选择合适的倾诉对象，有些人不大在乎"你我有别"，对交流话题不加选择，也不注意找适当的人作为倾诉对象，难免会使自己的秘密被曝光。即使面对熟悉的人，也不要放松了自我保护意识，避免一时失言。尤其是涉及他人隐私的事，要强化保守秘密的意识。

做人正能量

在交往过程中,学会做一个合格的倾听者至关重要。它要求人们以诚相待,即使做不到感同身受,也必须做到保守秘密的底线。真正的友谊是建立在信任之上的,如果你连朋友的秘密隐私都守不住,甚至将它们拿来与别人分享消遣,这样的人注定失去别人的信任,恶化彼此来之不易的关系。一个靠谱的人懂得强化守信意识,掌握说话技巧,避免将别人的秘密泄露出去。

第五章
办事高效：没计划的人会被"计划"掉

> 如果一个人没有计划，当很多未预料到的事情降临时，往往会不知所措，甚至犯下不可弥补的错误。这样的人生往往会走向失控。"人无远虑，必有近忧"，凡事做好规划，懂得提前布局，才能成为高效的人，在成功做事的基础上掌握命运。

1. 事前计划，人生才靠谱

写作，先须构思；制衣，先得设计；建房，先画蓝图。人生也需要规划，才能让生命之舟驶达成功的彼岸。因而，做事之前务必要认真计划，妥善安排工作生活中的每一件事，会让你的思想变得有条理。而一个不懂得计划的人，往往做事不靠谱，没有条理，难以成事，他的人生也会像一盘散沙，这样的活法是最不靠谱的。成事在天，谋事在人，而事前的计划便是谋划的一个重要部分，一个人想要成功，就必须深谋远虑，就必须做好计划。

刘华和张明是在同一次招聘中进入公司的员工，二人很巧被分在了一个部门。两个人都是名牌大学毕业，第一次工作，刚开始两个人站在了同一起跑线上；然而，一年之后，张明被提升为部门经理，而刘华却仍然原地踏步，其原因在于两个人处理事情的方式。每天，一坐在办公桌前，张明就会花半个小时的时间，对这一天要做的事情根据重要性做一个分类，并且做一个计划，把时间安排好；刘华却不一样，他只是看到什么做什么。结果可想而知，二人的效率可以说是天差地别，自然，上司更加赏识张明。

用较多的时间为一次工作事前计划，做这项工作所用的总时间就会减少，这是美国行为科学家艾得·布利斯提出的布利斯定理。它告诉我们，计划对于工作、人生极其重要。做事没有计划，行动起来就必然会是一盘散沙。只有事前拟定好了行动计划，梳理通畅了做事的步骤，做起事来才会应付自如。事先把要做的规划一下可以为我们带来更多的便利，而好的规划是成功的开始。

　　张兵与左越在同一部门销售部做销售助理。两个刚来到新的工作环境的年轻人工作都很积极卖力，但成绩却有天壤之别。有一次，张兵预约的一个客户按时来到公司，此时的张兵正在一大堆客户资料中焦头烂额地分类。看到已经到来的客户，才想起这宗早已预约好的签单业务。张兵满怀歉意地请客户来到洽谈室，这才发现应该复印的文件和资料及产品说明书都没有准备好。惊慌失措之余，他连声道歉，匆忙采取补救措施。但是，这显然令客户不满。当张兵满怀歉意地向客户介绍产品的性能时，又发现在慌乱中把产品说明书复印错了。这次客户没有再等待，而是转身离去了。张兵肠子都悔青了，但是经理没有过多地批评他，只是告诉他，明天还有一个签单业务，让他去看看左越是怎样做的。

　　第二天，左越按照预约的时间等待客户。客户没有迟到，但还是对左越的等待多少有些意外。可以看得出来，这种被重视的感觉让客户心里很满意。张兵不禁想起昨天自己的表现，脸不由得红了起来。只见左越不慌不忙地打开文件夹，里面的产品资料、使用说明书、合同文本一应俱全。接着，左越有条不紊地向客户介绍产品的情况，并把近期公司举行的优惠活动详细地告诉了客户，站在客户的角度上提出了一些非常有益的建议。最后，他对客户说："听说贵公司最近又要在西雅图开设一个分公司，我想，贵公司一定在短期内还需要引进我们公司的设备。如果您愿意的话，可以在这次订货中一起购置所需设备。这样，不仅可以因数量多而有更多的优惠，还可以省去一些不必要的装运费，你看怎么样？"显然，客户动心了，于是立刻给总公司负责人打电话，得到授权后将最初要订100万美元的货物增加到200万美元。这一切大大超乎张兵的预料，惊喜之余又有些目瞪口呆。不久，左越因为一直把每项工作都做得相当圆满，被提升为部门经理，并得到了公司的嘉奖。

正是左越的事前计划工作非常到位，还对客户进行了一些调查，不仅促进了业务的进行，还为自己铺就了一条宽阔的职业大道。做好事前的计划可以让任务的执行事半功倍。如果事前的设计非常到位，而且比较全面，那么在执行的时候，就会感觉很顺畅，能够大大地减少不必要的工作，节省工作时间。事先做好工作计划，给自己做好工作安排，按照每天的日程安排来执行，这样才有效率。如果有突发事件，可以适当将安排做调整。而不做计划的人往往会临时抱佛脚，尽管忙得晕头转向，却什么也做不好。

相传，郑板桥画工特别好，他尤爱画竹。在画竹之前，他总要先仔细地观察竹子，一会儿便可以画好一幅竹子。当别人问他画竹的诀窍的时候，他这样回答："我画之前，就已经把要画的每一步在心中画好，因而，在画的时候，自然就非常自如了。"这便是成竹在胸的故事了。

"凡事预则立，不预则废"。做一件事，只有美好的设想是远远不够的。计划可以对你的设想进行科学的分析，让你知道你的设想是否可以实现。计划可以作为你实现设想过程的指导，大大节省你的时间，减轻压力。有了好的计划，就有了好的开始。按计划办事不但让你有条不紊，而且更是勾画未来、掌控全局的一种有效手段。

做人正能量

富兰克林在自传中说："我总认为一个能力很一般的人，如果有个好计划，也是会有所作为的。"事前的计划可以让任务的执行事半功倍。如果事前的设计非常到位，想得比较全面，那么在执行的时候，就会感觉很顺畅，能够大大地减少不必要的工作，节省工作时间。而不做计划的人往往会临时抱佛脚，尽管忙得晕头转向，却什么也做不好。

每一个想要成功的人不妨事前多做计划，将80%的精力放在事前、20%的精力放在事后。这样的话，我们会比别人有更多的时间，做更多的事情，长久如此，相信定有一番作为的。

2."拖延"是成大事的绊脚石

在漫长的人生中,时间决定了生命的维度。懂得利用时间的人办事高效,更容易成就伟业。相反,那些办事拖拉,甚至有拖延习惯的人,总是无法按时完成任务,给人不可靠的感觉,他们想成就一番功业更是难上加难。

什么是拖延?说得通俗一点,就是缺乏自我管理,从情绪到时间都处于放纵状态。从行为心理学的角度出发,美国南康涅狄格州立大学的心理系教授詹姆斯·马则认为,拖延是"与自我控制对立的冲动"的特殊形式。他还发现,当需要在两个任务之间做出选择时,研究对象往往宁愿选择不太要紧的那一个,虽然那项任务更繁重,但拖延更有愉悦感。

导致拖延的原因很多,最主要的是一种抵触或者一种焦虑心理,害怕太难或者做不好,因而选择逃避、拖延。有媒体做了一项调查发现,72.8%的被调查者坦言自己患上了"拖延症"。其中,14.0%的人感觉自己的拖延行为"非常明显",41.5%的人认为"比较明显"。此外,72.0%的被调查者坦言身边患上拖延症的人很多,其中14.6%的人觉得"非常多"。调查显示,60.8%的人认为原因是"懒惰,觉得时间还很多";57.1%的人觉得是"为了逃避困难";50.7%的人选择"事情太多,不知如何下手"。俗话说,时间不等人,想要成功,就必须把握好每一分、每一秒,而拖延却使我们把大好的时间浪费掉,这对生命来说未尝不是一种巨大的损失。

在很多人看来,拖延不算什么大问题,其实并不尽然。19世纪末,美国康奈尔大学科学家做过著名的"青蛙实验"——科学家将青蛙投入已经煮沸的开水中时,结果它因受不了突而其来的高温刺激,立即奋力从开水中跳出来,得以成功逃生;同样是水煮青蛙实验,当科研人员把青蛙先放入装着冷水的容器中,然后再加热,结果青蛙反倒因为最初水温的舒适而水中悠然自得,直至发现无法忍受高温时,却无力挣脱了。许多人做事拖延,就像"温水煮蛙"一样,在不知不觉中丧失了奋力激荡的力量,最终失去抵抗力。一开始拖延的时候不放在心上,时间长了就无法自拔了,最终损耗生命。

拖延不仅影响日常生活的言行,也成为职场中的一种流行病。对很多人来说,在完成时间期限到来之前,往往没有把任务放在心上,结果在拖延中浪费了宝贵的时间。当截止时间逼近了,才发现许多事情还没有进展,这时候再风急火燎地去做,既容易出错,无法保证质量,又耽搁了宝贵的时间,于己于人都没有益处可言。

张桦受过高等教育,才华出众。然而,入职以来他却迟迟得不到重用,而一起进入公司的几个同事早就升职加薪了。为什么会这样?原来,张桦总是有一种吃亏心理,认为干活是为老板赚钱,所谓兢兢业业、任劳任怨不过是老板压榨员工说的好听话。有了这样的想法,张桦在工作中从不主动,对于上级分配的工作,总是借故拖延,达不到上级的时间要求,有时还导致公司遭受重大损失。

显然,以这样的心态工作,不仅对公司不负责,也是对个人能力提升的一种伤害。在拖延中,自我能力无法得到发挥,怎么能得到上级赏识和重用呢?

对工作来说,拖延症是致命的隐形"杀手",除了会导致工作质量下降，工作中的拖延心理还会影响个人情绪，破坏团队协作和人际关系。一些人早就习惯了将今天应该完成的活儿拖延到明天，这让他们在自责与忧虑中度过每一天，总有一件未完成的工作挂在心上，好像总有一个包袱压在头顶，心情无法爽快、轻松，并且这种不良情绪也会传染给他人。或许有的人会说，今天做不完没有关系，明天还可以做；明天做不完，后天再做；即使自己做不完也没关系，还可以留给后代做。与其说这是一种借口，不如说是懒人心态在作怪。对任何人来说，大好的青春年华耗不起，也拖不起。为什么许多人资质优秀，却一事无成，其不靠谱的人生与"拖延"的习惯大有关系。

美国宾夕法尼亚州发生过这样一件事，一个律师因为拖延导致当地一家酒吧被吊销售酒的执照。随后，酒吧老板聘请了一位新律师，并讲述了前任律师的失职行为。随后，新律师指出，"从4月份开始，在几次延期之后，他仍然未能按时提交所需要的凭证手续，导致营业执照被吊销。"尽管这件事已经过去，但是那个律师办事拖延的形象已经深植于公众的心中。后来，客户质疑他的办事能力，纷纷与之解约，而开发新客户也变得非常困难。

拖延是一种病、一种很难治愈的顽症。据统计，美国人因为不及时报税每年会浪费上亿美元，百分之七十的青光眼病人宁愿冒着失明的危险也不定期使用眼药水，欧元危机就是因为德国政府的踌躇不决……那么一个人会因拖延耽误多少发展机会和盈利时机呢？常听到有人抱怨自己没背景，缺少被赏识的机会，家庭经济状况不佳，殊不知日常生活中的拖延造成的损害远远超过这些因素。

对梦想着谋求更大发展空间的人来说，别在拖延中耗费时光、消磨意志，首先成为一个高效能人士，进而学会有计划地做事，自然会提升办事的能力和水平，延长生命的时限。所以，把宏大的目标制订成计划，并坚定地执行，就容易梦想成真，迎来真正成功的人生。

做人正能量

你可以把所有的事都拖延，但是时间不会停下脚步，当时光已逝，你的生命还留下什么呢？对一个人来说，成功很重要，所以，必须搬走拖延这个绊脚石，不妨从这几点下手：

第一，多跟办事干净利索的人待在一起，要相信，正能量是可以传递的；

第二，把一件事分成几次完成，并且每完成一部分，就奖励自己一下；

第三，把自己正在做的事情跟大家分享，获得鼓励和做下去的动力。

总之，拖延是人成功路上的绊脚石，想要有所作为，就一定要硬下心肠，改掉这个毛病！

3. 别犯懒，负责的人都是主动做事

每天面对许多烦杂的工作，往往让人在劳累中丧失进取的斗志和耐性。事实上，做事一定要分清主次和轻重缓急，把你每天要做的事列到一张纸上，然后按计划去行动，自然会让工作日程安排得妥妥当当，进而少了紧张感、压力感。制订计划就是主动做事的过程，尤其是对现代人来说，已经成为一种必不可少的高效工作法。

"一分耕耘，一分收获"，能成大事的人并不会简单地完成上司安排的任务，他们懂得主动寻找对工作有帮助、适合自身成长的事，去历练才干、磨砺心智。经验表明，主动做事不仅仅能给自己提供更多平台，去施展才华，实现理想，还能在承担更大责任的基础上赢得赏识，提升发展空间。而一个懒惰的人，不去主动干事，甚至懒得思索未来，又如何勾画自己的未来，迎来靠谱的人生呢？

在一个建筑公司，老木匠干了半辈子，到了退休的年龄。于是，他找到公司老总，表达了退休的意愿。大家相处多年，彼此情感浓厚，老总舍不得他走，但是不得不放手，并且对老木匠说："这样好了，你再帮公司建一所房子。"老木匠答应了。不过，此时他已经没有心思干活了，做木工的时候也不主动，等到别人催促才去干活，并且劳动的时候也拖拖拉拉。大家都能看出来，他在应付罢了，这与以往主动做事的情

形很不一样。

最后，房子按期交工了，不用说这是一件应付的作品，完全体现不出老木匠正常水平。房子建好之后，按以往的惯例，老总自然会派人来验收。然而，这一次不见总经理的身影，只是有人交给老木匠一串钥匙。原来，老木匠在公司干了二十多年，吃苦受累一辈子很不容易，所以公司决定把房子送给他。听到这个消息，老木匠惊呆了，他非常后悔又感到羞愧，因为这个房子的质量实在差强人意。

没能站好最后一班岗，因为偷懒造了一座不合格的房子，结果自己去承受这样的苦果。这不是宿命论，而是对懒惰之人的警示，许多时候你如何对待这个世界，就会遇到同样的遭遇。其实，细心观察就会发现，生活中类似老木匠这样的人并不少。他们认为事情总是干不完，并且与自己没有直接关系，能勉强完成任务就不错了。偷懒，得过且过，无规划，他们在混日子中虚度光阴，注定一生碌碌无为，过着失败的人生。

懒惰是一种耻辱，这在电影《七宗罪》中也有过生动的体现。喜欢偷懒的人，不懂得按部就班做事，或者会舍弃某些环节，让计划成为一纸空文。一个人喜欢偷懒，无法完全呈现个人的才智、能力和水准，结果丧失了自我检视的机会，也无法在进一步自省中完成能力的提升、经验的积累。

每个人都需明白一点，当你得到了工作机会、发展平台后，做好真正的自己才是王道。每天做事，不仅仅是为组织贡献才智，也是在锻炼自己的能力，或者说是在为自己的前程做事。所以，任何时候都应争抢着做事，假以时日必然会与众不同，乃至有大的成就。

小刘毕业后进建筑设计公司工作只有两年而已，只是个普通的小职员，平时工作总是很积极。他认为建筑凡事要讲求准确，工作有一点失误都会带来严重的后果。为此，每一件事无论大小，他都会很认真地去做，争取做到最好。有时候完成任务，他会迫切找到领导，去争取更多工作。

对此，同事们经常私下议论，认为小刘有点傻。虽然听到了风言风语，但是小刘积极努力做事的劲头不减，仍旧全身心投入精力做事。他认为，自己刚刚踏入这个行业，没有经验，书本上的东西太过浅薄，很多东西都不懂，只有多做一点事情，才能学到东西。

付出总会有回报，这一点也在小刘身上得到了印证。有一次，公司要进行一次人事大调动，希望通过科学的人事布局，使得有才能的人能各得其所，公司要求有意愿的员工提交申请。小刘想要担任工程施工项目经理一职，可是资历根本不够，但他还是试了一下，提交了一份申请。接下来几天，小刘像往常一样全身心工作，而其他人都在托关系、走后门。

过了一段时间，公司并没有很快地公布职位调动的结果，令人百思不得其解的是，接下来所有员工都被邀请参加了一次野外拓展训练。当时，有这样一个项目：一个团队要用提供好的木材做一个木筏，并且必须团队中每一个人都要用这个木筏通过一条河。在扎木筏的过程中，很多职员不是找个借口在一边看着，就是在一旁指指点点，很少有人亲自动手去做。小刘和其他几个新同事却不一样，上来就身体力行，干得热火朝天，小刘一边扎还一边指挥队友。结果，小刘所在的组第一个扎完，随后小刘还凭借经验到别的组去指导，帮助他们扎木筏。

拓展训练之后不久，公司公布了人事调动结果，小刘如愿成为项目经理。对此，很多人都感到非常奇怪，并认定有人在背后做了手脚。其实，那个拓展训练就是公司挑选人才的一个测试，只是没有人想到而已。小刘平时表现就很好，做事积极并且效率又高，为人又比较谦虚，而在这次扩展训练中，他帮助并指导他人扎木筏，也体现了高超的领导才能，因此他赢得了项目经理一职。虽然资历有限，但是领导按才录用，破例让小刘担任要职。

也许你会觉得是小刘的运气好，事实上这是他事先有所准备的结果。机会只青睐有准备的人，所以小刘有了难得的晋升机会。对人来说，做事的计划性不仅体现为白纸黑字的具体行动计划，包括时间、目标安排；积极主动做事，不去偷懒，随时准备迎来机遇的垂青，这也是计划的应有之义。显然，人只有时刻准备着，才有强力提升自我的可能和机会。犯懒的人根本无心求上进、谋发展，自然会因不靠谱而被淘汰掉。

某知名企业曾在一所重点大学举行专场招聘会，前来应聘的学子非常踊跃。但是，严格的招聘条件将许多人挡在了门外。招聘会散场时，有一把椅子的坐套掉在地上，陆续有人从旁边经过，但是没人主动把它捡起来。最终，一个年轻人从旁边经过，主动弯腰捡起坐套，掸掉灰尘后重新把它套在椅子上。这一切，都被负责招聘的经理看在眼里，于是他马上询问身边的校领导，讨要这个人的资料及联系方式。但是，校领导遗憾地说，他不是即将毕业的大学生，而是礼堂的工作人员。这位经理惋惜地说："如果他是应届毕业生，将不需要任何面试，就可以被录用。"

就这样，许多学生失去了进入这家大公司工作的机会，而这份遗憾恰恰在于他们太懒惰，甚至举手之劳都不肯去做。一个人如果不能积极主动做事，他就会在被动中丧失机会、消解活力，因为没有人喜欢与不靠谱的人合作，没有公司需要不靠谱的人才。

不要说工作机会少，不要说竞争太激烈，我们永远不缺少展示自我的机会和舞台，问题在于你是否能演好自己的角色。换句话说，人生处处是舞台，你我每时每刻都在演绎某种特定的角色，恰恰是无所不在的懒惰，对自我发展的漫无目的，导致你在某个时刻让人失望，由此丧失了被赏识、被委以重任的机会。所以，从现在这一刻积极主动行动起来吧，做好身边每一件事，即使无法悲伤时，但是你已经具备了成功最基本的品质，实际上已经踏在成功的路上了。

做人正能量

主动一点，才会得到更多。主动者一般都是前行者，无论是在任何群体中，他们都能影响他人，具备应有的号召力。许多时候，人与人之间的差异并不大，似乎就差那么一点点主动性，才有了人生的差距。平时主动一点，主动学习，主动做事，这是成大事者应有的风格。

无论任何行业，想攀上顶端，都需要在成功之前，主动地、默默地积累很长的时间，需要漫长的规划和踏实的努力。你想登上成功之梯的最高阶吗？你就要永远保持主动率先的精神去面对你的工作。哪怕是面对毫无挑战和毫无生趣的工作，最后终能获得回报。

4. 克服拖沓，盯住目标立即行动

"想做的事情，马上动手，不要拖沓！"这是许多成功人士总结出来的黄金铁律。成功者从不拖沓，而且他们中的大多数人只是发挥了本身潜能的极少部分。因为他们对工作的态度是立即执行，所以把握住了成功。凡是留待明天处理的态度就是拖延和犹豫。这不仅阻碍事业上的进步，也会加重生活的压力。要知道，时机不等人，也许一分钟的拖沓，就能让你错过机会，所以克服拖沓是成为高效能人士的基础。

有人曾说过："如果说办公室是我们每天浴血奋战的战场的话，那些习惯了拖沓的人就是伤兵，他们无法完全发挥出自己的作用，或者说根本没法上战场！"办事拖沓的人往往做事没有条理，效率自然很低，这样的人的确是职场中的"伤兵"。

小李是一家公关公司的文案专员，他的文笔很好，而且非常善于从创新的角度思考问题，提炼出很多新颖的观点，其文章总给人一种醍醐灌顶的感觉。对此，客户非常满意。然而，小李性格散漫、随意，所以写作的效率并不高，产量自然也很低。通常，白天是写文章的最佳时间，可是他没有心情，那只有晚上回家写了。从傍晚时分，他就开始酝酿感情，比如到一家小饭店美美地吃了一顿，然后又到酒吧喝一杯鸡尾酒。

回到家里，小李会认真洗漱一番，然后泡了一壶龙井，慢慢地酝酿感情。可是，打开空白文档盯很久，还是没有思路，这时候困意袭来，顺势倒在床上，不久就睡着了。这样日复一日，怎么能写出高质量、高产量的文章呢？

本来，公司领导很欣赏小李的文笔，比如观点新颖、逻辑清晰、重点突出等，并准备培养他进一步发展，日后让其承担更重要的任务。但是几次提醒，小李都没能改掉拖沓的毛病，重用的事只好作罢。

拖沓是成功的死敌，是一个人走向成功的障碍之一。在拖沓这一恶习的影响下，原本充满斗志的人会变成浑浑噩噩过日子的懒汉，因为他们失去了目标，也就丧失了行动的力量。无法克服拖沓，就会始终丢失今天，永远生活在"明天"的等待之中，成为一个永远只知抱怨而没有进取机会的落伍者和失败者。

伟大的诗人歌德曾经说过："我们拥有足够的时间，只是要善加利用。如果我们一味地找借口为自己开脱，那我们就会被时间抛弃，就会成为时间和生活中的弱者，一旦这样，我们将永远是弱者。"那些办事拖沓的人往往没有目标，所以行动上总是慢一步，结果把时间白白浪费，空耗了宝贵的年华。

乔伊斯是一家著名公司的部门主管，他曾经烦恼不已，因为烦乱的工作总是处置不完，简直把他逼疯了。每天，乔伊斯的办公桌上都堆满了文件，毫无头绪可言。一件事刚处理完毕，又有更紧迫的任务需要处置。大脑长时间紧绷着一根弦，让人感觉快要崩溃了。乔伊斯想要改变这种现状，于是去请教一位公司经理。对方做事很有一套，是业内出名的高手。

来到那位经理的办公室，只见对方正在打电话，于是乔伊斯坐在一边，开始仔细打量办公室。经理的办公桌非常干净整洁，上面只有很少的几页纸，堆积如山的文件根本无处可见。听着经理有条理地给下属布置着工作，并且迅速予以答复，乔伊斯感触很大。

终于，经理忙完手头上的事情，走过来跟乔伊斯打招呼。经理问乔伊斯有什么事，他高兴地站起来说："一开始我是想来您这里向您取经，想要了解一个全球知名公司的部门经理怎样处理那么多烦琐的工作。然而，你刚才处理问题的样子已经让我找到了答案：一遇到问题立即解决掉，不要拖延。否则，事情只会越积越多，而且文件越来越多，更无法找出头绪。"至此，乔伊斯终于发现了自己的问题所在，通常他习惯把事情接下来，然后放在一边，等有时间的时候再去解决；这直接造成了问题大量积压，最后疲惫不堪，却没有解决任何问题。

从此之后，乔伊斯坚持立即解决问题，不让问题堆积下来累积成更大的负荷。由于目标清晰，知道自己想干什么，并且绝不拖延，他终于成为这家知名公司的经理人，在业内令人称道。一个人在事业上想有所建树，克服拖沓的习惯至关重要。习惯把事情拖延到一起去集中处理，而不是注意解决好每一个问题，突破一个个目标，显然无法在计划中成为高效能人士。

经验表明，任何伟大的功绩都是一步步实现的，都有赖于逐步实现每一个细小的目标。为此，必须克服拖沓的毛病，积极主动做好每件事，全力以赴完成特定的目标，最终啃下硬骨头，成为世人眼中有能力、有担当的人。

提到周少雄的创业经历，虽没多少传奇色彩，但是其辛勤耕耘、步步为营的制胜之道仍旧值得后来者学习和借鉴。从小出生于一个贫困的家庭，但周少雄身为知识分子，有着不甘于现状的抱负。改革开放不久，他看到社会上有很多人通过创业，成为邓小平所说的"先富起来的人"，于是萌生了下海经商的念头。有想法之后，他权衡再三，不顾家里的反对辞掉了新华书店配书员的工作，而这在当时是石破天惊的壮举，很难被人理解。随后，他与几个兄弟做起小生意，逐步积累了一些资金。几经折腾后，他又开服装厂，担任晋江金井侨乡服装工艺厂的厂长。这就是"七匹狼"的雏形。

有了早期的基础，周少雄结合新的市场变化，给公司制订了宏大的发展计划。接着，他着力在队伍建设、市场渠道等方面下功夫，终于带领团队把业务拓展开来，并一举开创了"七匹狼"这个金字招牌。正是因为周少雄认准目标之后，就立即行动，才使他赶上了改革开放的大潮，最终成为一个成功的企业家。

司马光曾说过："凡百事之成也在敬之，其败也必在慢之。"想要做好一件事，就必须订好目标之后立即行动，才能把事情做好，拖沓只能让事情越来越棘手，越来越难办，最终被现实"咔嚓"掉。一个人必须去担当更多的责任和使命，没有时间拖沓，瞄准目标立即行动才能掌控未来。

成功人士身上有许多光环，被无限夸大，让世人看不清其制胜之道。其实，万变不离其宗，能够设定奋斗目标，而后立即行动，不拖沓，自然会实现一个又一个目标，终成大器。这不需要非凡的智慧，也不需要含金量很高的关系资源，只需沿着特定的目标去执行，就能干出业绩，赢得拥戴。

做人正能量

在互联网日益发达的今天，人们花在网络上的时间越来越多，而人的注意力极容易被分散，部分人的拖沓便由此而生。与此相随的是，拖沓的危害变得比任何时候都要突出，拖沓的人也比任何时候都要多。手里的工作一拖再拖，心里又非常担心没能及时完成工作任务而受到领导的责备，由此形成的工作压力令人身心俱疲，在这样的影响下，又怎么能把事情办好？扮演成功人的角色呢？

拖沓的人，往往将雄心壮志丢失在混日子的懒散中，这种人往往会"空悲切，白了少年头"，一事无成。想要成功，不妨丢下无关紧要的事情，盯住自己的目标，并且立即行动起来，全力以赴把事情办好，向着成功的目标进军！

5. 结果导向，重视结果弱化过程

所谓"结果导向"，就是把事物的重点放在结果上，要求所有采用的战略手段都要以想达到的结果为中心来制订。可以说，只要达到目的，无须计较过程。无论从生活还是事业的角度，结果导向都是提升效能的不二之选。

例如登山，无论沿途你经历了多美的风景，或者流了多少汗水，吃了多少苦头，只要你没有登上山顶，每当回忆起这次经历，你都会感到遗憾。即使大部分的时间都在爬山，只有极少部分的时间是在山顶，你也会感到缺失，这就是因为你没能达到登山的最初目的。而产生这种心理的原因就是结果导向。

成功人生从来都是重视结果而不是过程。在美国的西点军校，所有的学员在回答长官的问题时，一律只有四种答案："是，长官""不，长官""不知道，长官""没有借口，长官"。在这里，学员接受命令之后，无论出于什么样的原因，只要没有完成任务就要接受应得的惩罚。由于长官根本不会听你的借口，而且校规也不同意你说借口，所以从西点军校毕业的人都只重视结果，从不为失败找理由。这看似苛刻的校规却成就了无数人的辉煌人生。

结果导向是不问过程，只管结果。在企业管理中，结果导向可以引导公司所有员工向着既定的目标努力，为公司创造更大的利益。管理工作的结果导向指的是一切用数字成绩说话。每个员工在日常的工作中要时刻提醒自己目标是什么，并思考怎样才能达成这个目标。当上级交给一项艰巨的任务，你首先要想的不是这项任务如何困难和用什么理由推脱掉，而是怎样动用自己所有的资源来完成它，不是尽力而为而是竭尽全力，只许成功不许失败。

此外作为管理者，也必须以结果导向管理自己的员工。企业需要的是最有能力的员工，而不是最勤奋的员工。例如，一个公司面临困境，总经理决定裁员。宣传部的总监被要求从所在部门选择一个员工裁掉。在宣传部有两个人符合条件，一个人做事勤奋，总是该部门第一个到岗、最后一个下班，而且还经常自愿加班，不过这个人头脑不太灵活，虽然比别人多付出好几倍的努力，可还是经常完不成工作指标，几乎没拿到过奖金。而另一个人总是迟到早退，还总是找各种借口请假，大家都觉得他工作态度不认真，但是这个人最大的优点就是头脑灵活，办事高效，所以业绩一直很好，总能完成上级交代的任务。总监在综合分析了这两个人的情况后，还是拿不定主意。他询问了几个下属，有的说裁掉第一个人，也有的说裁掉第二个人，还是没有达成共识。

最后，总监找到了总经理，简单地说明了这两个人的情况，请他亲自下决定。总经理听完后笑着说："这个问题很简单，就裁掉那个完不成任务的员工。"总监说："总经理，那个年轻人工作很认真，从来没有迟到早退，您怎么毫不犹豫地裁掉他。"总经理说："从企业的角度来说，高层的人考核员工的方式，只有'结果'。即使那个人加班一个星期，可是依然完不成任务，那么他所花费的时间和精力，对管理者来说，结果就是零，我们从来不会考虑他付出了多少心血。更糟糕的是，这个员工花了这么久的时间都没完成任务，显然是能力欠缺。对一个目标远大的企业来说，绝不会让这些没有能力的人存在。"

总监听完总经理的话后默默离开，当下就决定给下属开一个会，告诉他们在以后的管理工作中将以结果导向，完不成任务就要接受惩罚，所有人都不准为失败找借口。汇报工作时只需要说明结果，不用介绍过程。这次会议之后，该部门的成员工作热情空前高涨，没过多久就成为全公司最具实力的团队。

企业要的是收益，那些每当向上级汇报工作时就是强调自己做了好多少努力、加了多少班、流了多少汗水，但是落在报表上的数字并不令人满意的员工，往往是管理者最讨厌的人。没有业绩还要找借口，会被人认为是不思进取。在职场这样干，显然会断送自己的前途。

某国政府想把一些犯人运送到其他的国家，于是把这项任务交给当地拥有私船的人。开始的时候，一切都很正常，每次输送的犯人都能够按照原数到达目的地。但是没过多久，这些运主为了节约成本，而故意不给犯人吃东西，他们中有的因为饥饿病倒，被直接丢下船，于是能够到达目的地的犯人愈来愈少。

政府最后经过一番研究，决定委派一名监军与他们同行，在沿途监督船长的行为。最开始，这样做的确起到了明显效果。可是后来这些船主与官员们勾结在一起，甚至收了当地奴隶主的钱，私自卖了一部分犯人。这样他们便靠着这些犯人赚了双份的钱。得知这个情况，政府也很苦恼。后来一位官员提议，以实际到达目的地的人数付钱。采用这个方法后不但节约了监管成本，而且犯人也可以如数到达目的地了。

在上面的故事中，最后靠结果导向成功解决了难题，政府不再关注他们的过程，按结果付钱，船长们却不得不为了佣金而顺利完成任务。结果导向往往会使人提高工作效率，从而创造更大的效益。

许多人办事，往往具有直线思维的特性，也就是专注于结果，而不太在意过程。因此，做事的时候注重结果，不达目的不罢休，不仅能反映出一个人的坚忍，还能体现其计划性。有了特定的目标，为此永不言弃，就会给人可靠的感觉，取得成功也会更容易一些。因此，坚持结果导向，与强调办事的计划性异曲同工，是快速达成目标必须坚持的一个基本原则。

做人正能量

要想成为强者，就必须专注于自己的目标。不为失败找借口，常为成功找方法。大家都会欣赏有担当、有勇气、有魄力的人，一个毫无能力而且自作聪明的人无法取得他人的信任。淡化做事的过程，无论成功还是失败，都不要向别人诉说你的艰辛，因为这对别人来说毫无意义。

6. 不乱阵脚，成功人士的王者风范

人生坎坷，福祸相依，并非事事都能够尽如人意。然而，我们都希望自己的人生可以完美收场，当深陷困境或者一些意料之外的事情时，往往会惊慌失措。对此，《中庸》这样说："喜怒哀乐之未发谓之中，发而皆中节谓之和。"人在没有产生喜怒哀乐等这些情感的时候，心中没有受到外物的侵扰，是平和自然的，这样的状态就是"中"。此时，判断问题会比较客观，意见也比较正确。

因而，无论面对什么，人都应保持平和的心态，不要自乱阵脚，做出追悔莫及的事情。那么，如何按部就班做事，给人沉稳、可靠的印象呢？

最重要的一点是，要控制好情绪。当然，这绝不仅仅是修养的问题，从某种程度上说是心理素质高低的表现。它既决定着一个人的气质和生活品质，又关乎为人处世的成败得失。泰山崩于前而色不变，展现的是一种成功者的王者风范。

宋代苏洵说："为将之道，当先治心。泰山崩于前而色不变，麋鹿兴于左而目不瞬，然后可以制利害，可以待敌。"作为一名将领，首要的是控制好自己的"心"，即使泰山在面前崩塌，或者麋鹿突然从旁边跃出，仍然保持从容镇定，这样才能谈得上控制战场局面，具备成大事应有的心理素质。

公元383年，前秦皇帝苻坚率领着号称百万的大军南下，想要吞灭东晋，实现统一天下的大业。当时，东晋的军队在数量远远不能跟前秦相提并论，因而东晋都城建康一片恐慌，百姓人人自危。对此，丞相谢安却认为，虽然敌我兵力悬殊，可是敌军作为攻方孤军深入，而且前秦内部有诸多矛盾，所以尽管敌军数量大但是战斗力并不太强，东晋想要以少胜多是很有把握的。对局势进行一些分析以后，谢安以征讨大都督之职全权负责军事行动，派遣谢石、谢玄、谢琰和桓伊等多人率兵八万前去迎敌。

谢玄心中放心不下，便临行前向谢安询问对策，对方只给了一句话："我已经安排好了。"之后，便绝口不谈军事。但是谢玄还是感觉不踏实，又让张玄去打听。开始，谢安却仍然闭口不谈军事，反而却拖着他下围棋。张玄的棋艺确实高人一等，谢安不是对手。不过，此时因为边境的战事，张玄根本无法专心下棋，而谢安神气安然，所以不费力就取胜了。

就像谢安所猜想的那样，东晋的军队利用前秦的弱点——军心不稳，在淝水之战中以少胜多、一举歼敌。当战胜的捷报传至丞相府时，谢安正在与客人下棋。他不动声色地看完捷报，便随意放在座位旁，继续下棋。客人忍不住询问细节，谢安淡淡地说，没什么，前线打了一次漂亮仗。

每一个人都有喜怒哀乐，谢安也不例外。强敌压境，心中仍保持一片平静，不害怕、不紧张是绝对不可能的。但是，放纵自己的情绪无济于事，只有保持冷静，才能正确抉择。谢安的高明之处是把情绪控制在了合适的范围，集中精力抓好排兵布阵等关键事宜，最终在乱世之中保全了家国，成为一代英豪。其实，在任何地方，都应该具备从容的心态，不管遇到什么情况，万万不可自乱阵脚。有句成语叫"方寸已乱"，"方寸"

就是心，保持"方寸"不乱就是苏洵说的"治心"。心不乱，那么脑子就会清醒，才不会让意外影响当下的事情，才能保证自己的王者之路没有偏差。

生活中，总有太多的意外会不期而至，总有一些人对此毫无准备，要么乱了心神，要么乱了阵脚。不能在紧要关头控制住局面，让自己理顺思绪，寻求稳妥的化解之道，显然只会让事情变得更糟糕。有魄力的人遇事沉稳，不会在慌乱中迷失方向，丧失理性思考的能力，他们会时刻想到自己的目标是什么，预期的计划如何，进而找到解决问题的良策。其实，世上无所谓难事，只要在镇定中寻找方法，自然可以脱离险境，甚至把坏事变为好事。

2011年2月11日，印度外长克里希纳在联合国发言，不小心念错了稿子，结果引起台下一阵骚动，当时的场景十分尴尬。然而，克里希纳没有大惊失色，而是镇定自若，带有歉意地微微一笑，然后举重若轻地说："哎，文件太多，忙中出错，看来文山会海真是害死人啊！"急中生智中，一句简单的话缓解了尴尬气氛，观众席上更是传来一阵善意的笑声与热烈的掌声。

念错稿子是失误，更是意外，如果克里希纳缺乏理性分析，自乱阵脚，那就破坏了原有的行动计划，造成最大的失败。相反，能够及时镇定下来，他人不能看你的笑话，自然就堵住了世人的嘴巴。

总之，遇事沉稳是成大事的基础。在冷静思考中找到解决问题的方法，别因为慌乱迷失方向，自然可以稳定人心，寻求有效的解决之道。遇事慌乱的人，给人轻浮、不可靠的印象，表明他们内心缺乏安全感，没有行动计划和替代方案。这样的人经受不住困难的侵袭，自然无法成为众人的依靠，也不能通过计划掌控未来。

做人正能量

办事不乱阵脚，需要一颗淡定心。遇事沉稳，又积极果断，老练里又具备开拓精神，那么这个人就了不得了。成大事的人都有一定之规，遇到任何事都能寻找问题所在，并找到化解之道。所以，与其惊慌失措，不如把这份精力放在寻找答案的努力上。胜不骄，败不馁，让自己有一个清醒的头脑与平淡的内心，才能散发成功者的王者风范！想要做一个成功的靠谱人，不妨修理一下自己的内心，做事不乱阵脚，平和以对。

7. 管住情绪，别让脾气害了自己

有一个叫小西的小男孩，脾气特别暴躁，最大的缺陷是遇事无法控制住情绪，总是无法让那颗心安定下来。在学校里，他总是与同学发生口角；放学后，还会和邻家的孩子打得不可开交。更严重的是，他还经常和父母、老师、邻家的叔叔阿姨顶嘴，大声叫嚷，甚至有时还恶语相向。为此，父亲决心改变孩子这种心性。

这一天，父亲拿来一大把铁钉和一把小锤子，并且严肃地对儿子说："小西，从今天开始，你想要发怒的时候不要大喊，直接跑到门口，用锤子把钉子砸进门口那根粗木桩里去，每次想发怒的时候就钉进去一个。小男孩高兴地接过钉子和锤子，很享受这种发泄方式。过了一段时间，他发现木桩里钉进去了100多颗钉子。不久，钉子用完了，他便找父亲要，父亲没有多说一句话，很利索地答应了。久而久之，小男孩对钉钉子这项活动感到非常厌烦。于是，父亲对他说："小西，只要你感觉心情不错，你就拔一颗钉子，看看会有什么结果。"

小西从木桩上拔了一颗钉子，觉得这比钉上去难得多，但是也有趣得多。一段时间里，小西对拔钉子有些感兴趣，并且心情愉悦。逐渐地，他从木桩上取下的钉子越来越多，而往上面钉的钉子越来越少。直至有一天，他不再往上面钉钉子。这个时候，父亲表扬了他，他心里非常高兴。

终于有一天，小西取出了所有的钉子，而他再也不想往上面钉钉子，他可以控制情绪，脾气也不再那么暴躁。这时，父亲把他带到那根大木桩前，郑重地说："经过这么长时间，你也知道取钉子比钉钉子难，但你知道这是为什么吗？因为发脾气，责骂一个人很容易，但是重拾因为你的坏脾气而被伤害的感情却很难。就像这根木桩，尽管所有的钉子都被你取出来了，但是，那些钉子留下的伤痕却再也不可能消失了。"所以，不要轻易伤害你的亲朋好友，因为伤痕一旦存在，任何弥补都是无济于事，哪怕再过几十年。

每个人都有脾气，抱怨、忧虑、愤怒等坏脾气显然无助于我们按照预定目标和计划去做事。生活中，坏脾气不仅影响自己，也会伤害我们身边的人，如果一味地任其发展，那真是害人害己。英国生物学家达尔文说过："人要发脾气就等于在人类进步的阶梯上倒退了一步。"若想在自己的蓝图中搭建成功的高塔，显然不能任由脾气行事。比如，遇事太冲动会失去理性的判断，随意更改计划导致无法按部就班做事；脾气大的人容易愤怒，会无视细节，并对未来失去基本判断力，自然难以有所建树，预先设计好的计划则会成为空中楼阁，不能发挥其效力。总之，一个人控制不住脾气，也就无法在计划的指引下做事，最终丧失理性精神，成为一个不靠谱的人。

刘伟是一家大型企业的高级职员，办事能力强，文字水平高，深得上司信任。平日里，他为人热情大方，在同事中很受欢迎。然而，刘强还有一个特点，过分直率而不懂得回旋，结果常常因此令人诟病。须知，职场中还是有很多忌讳的，有些事情心照不宣即可，不能放在明面上。一个月前，单位提拔了一个资历、能力、业绩都不如刘伟的同事，这让后者心里很不平衡。于是，他直接来到上司的办公室，开始还好好询问，后来干脆和领导理论起来。一时间，弄得上司很尴尬。

此后，刘伟的心情非常低落，工作起来也大不如前，而同事们也因为其令人大跌眼镜的表现纷纷投来异样的眼神。本来，刘伟今年制订了个人发展计划，一直做得很好，但是现在一切都被打破了。更要命的是，从那以后上司就有意无意地找麻烦，根本无法获得良好的发展空间了。终于有一天，刘伟果断辞职了，失去了这份高薪而又付出多年的工作。

看到不如自己的人被升职加薪，谁都会气愤。但是直接找上司去理论，却太过鲁莽。而且，你怎么知道对方真的不如你，你为什么不好好反思一下？管不住自己的情绪，又怎么能到外面的世界中闯荡，掌控未来呢？计划是一种理性的规划，脾气是一种感性的爆发，如果无法控制情绪，势必不断打破原有的发展计划，在前进的道路上败下阵来。遇到问题多进行一下调查，多问一下自己为什么，才能减少发脾气的机会。

法国名将拿破仑，统兵数百万，所到之处攻无不克、战无不胜，然而其最大的敌人就是自己的情绪。他说，"我就是胜不过我的脾气。"看来，人要战胜自己的情绪并非易事。

1965年9月7日，世界台球冠军争夺赛在纽约举行。路易斯·福克斯非常高兴，因为他的得分远远高于对手，稳坐冠军宝座就在眼前。突然，一件令人意想不到的事情发生了——有一只苍蝇落在主球上。开始的时候，路易斯并没有在意，只是随意地挥了挥手赶走苍蝇，然而当他俯身准备击球的时候，看到苍蝇又落在主球上，而观众们也看到了这一幕，感觉好玩而好笑，此时路易斯有些气急败坏，又去赶苍蝇。结果，这只讨厌的苍蝇似乎与之作对，持续在附近盘旋，更多的观众开始骚动起来，这也让路易斯慌了心神。最终，他失去理智，愤怒地用球杆去打苍蝇，结果一不小心球杆碰到了主球上，裁判判定为击球，路易斯·福克斯由此白白失去了一轮机会。

而对手本以为败局已定，见到这个场景，他立刻重拾勇气，最终赶上并超过路易斯，出乎意料地夺冠。第二天早上，人们在河里发现了路易斯的尸体：他投水自杀了。

生活中，有多少人因为一些无关紧要的小事发狂，导致众多遗憾、悲剧和灾难。控制不住情绪的人，无法在理性思维的指引下获得对这个世界的洞见，最终不能成为赢家，失去了美好的未来。再伟大的计划都需要在理性思维的指引下，在彻底执行中变成现实，这需要人管住情绪，在尽力而为中成就卓越。

做一个成功的人，自然免不了在纷繁俗世中拼搏，很多事情并非如己所愿，也无法控制。这时候，就需要我们管好自己的情绪，尽可能理性面对一切，寻找到解决问题的最佳良策。培养好脾气，做情绪的主人，可以从下面几个方面做起：

第一，碰到恼人的事情，先不要发火。让自己安静下来，然后再做决定。

第二，一定要学会制怒，有些事情一旦爆发，事后是无法补救的。

第三，不要苛求什么，学会缓解和释放压力，调整心态，心平气和地做人做事。

总之，这个世界属于理性做事的人，属于按计划求发展的人。只要我们控制好情绪，培养好脾气，就能避免无数祸患，避免更多遗憾。控制不住情绪的人无法与理性精神为伍，他们在感性的世界里横冲直撞，给人留下的只是不靠谱的印象。

做人正能量

凭借自己的感性，能有特别的灵感和收获。然而，当感性被不合时宜地过分表现出来时，也会造成不可避免的损失。

8. 想成大事，得先能熬得住

"熬得住才能熬得出"，这是《职来职往》节目里一位职场达人对怀才不遇的求职者的肺腑之言。面对激烈竞争的压力，一个人很容易变得浮躁、耐不住性子、沉不住气。有的人因欢喜、得意而沉不住气，没能熬过去；有的人因生气、斗争而沉不住气；有的人因委屈、受冤而沉不住气，没能熬过去。危机出现的时候容易沉不住气，事情太顺了，也容易沉不住气。凡成大事者都有超乎常人的意志力，无论胜败荣辱，都能沉住气，熬得住！要知道，谁笑到最后，谁才是最终的赢家。

"史圣"司马迁在《报任安书》中曾列举过一些熬得住而成就大业的男神："文王拘而演周易，仲尼厄而作春秋，屈原放逐乃赋离骚，左丘失明厥有国语，孙子膑脚兵法修列，不韦迁蜀世传吕览。"司马迁本人也是在遭遇迫害之后发愤著书，完成《史记》巨著而彪炳史册的。由此不难看出，没有任何一项大业是一蹴而就的。眼光长远，脚踏实地，在实践中成长，切忌心浮气躁，急于求成。一个人只要耐得住寂寞，守得住考验，经受住历练，熬得住，才能成得了大事。

乔小刀的故事感动过很多人，他出生在山东，本名"乔守民"。一岁多的时候，他跟着父母"闯关东"，来到黑龙江。因为家境贫寒，乔小刀从小就跟着父亲捡破烂，这些简单且随处可见的东西成为基本材料，为他后来成为"破烂艺术家"提供了物质上的准备。少年时代总是很寂寞，乔小刀朋友很少，无事可做，于是躲在屋子里"做设计"。1998年，乔小刀像许多年轻人一样到北京闯荡，更名为"乔西"。当时，他靠电焊吃饭，每天常常工作14个小时，异常辛苦。任何时候，他都没有放弃学习的机会，晚上到书店看书，夜里住在门店，偷着用公司的486电脑，困了就蜷着腿睡在塑料泡沫上，这就是当时那个勤奋好学的年轻人。

凭借刻苦学习、忍受煎熬的那份耐性，乔小刀一步步成长，并赢得了更多发展机会。2000年，他穿上西装进网站当美编，开始了一段新生活。网站倒闭后，他接手公司的旧设备，一手创办了设计公司，凭借众人的帮助渐渐上路。2002年春节后，乔西将家人接到北京，一起生活。随后，他开始坚持每月做一本"书"，并发表了首张唱片《消失的光年》，创办第一个平面设计公司，成立了工作室主营丝网印刷，并自此更名为"乔小刀"。慢慢地，当年那个吃苦受累的少年变成了颇有知名度的艺术人士。可以说，因为熬得住，乔小刀才成就了今天的幸福生活。

忍受孤独寂寞是成功者的必走之路，从某种意义上来说，这是获得成功不可缺少的一个因素。唯有熬得住，才能收获一片自己的天空。"创业是孤独寂寞的，要用左手温暖右手。"这是阿里巴巴创始人马云说的话。雅虎联合创始人兼CEO的杨致远也说过，担任组织领导人是一项非常"孤独"的工作，经常被迫做出两难的决定。

沉下心，熬得住，便又是柳暗花明又一村，迎来事业发展的春天。人生想要成事，关键在于能不能"熬"得住。所谓"熬"，就是不轻易放弃自己的事业，不轻易改变自己的目标，一步一个脚印，踏踏实实努力，用双手改变自我、创造未来。这个过程虽漫长，但只要能在计划中"熬"得住，就能收获成功。

做人正能量

诗人里尔克说:"挺住就是一切。"其实"挺"远没有"熬"那么深刻,"挺"显得短暂,咬一咬牙就挺过去了。"熬"的过程比较漫长,不是一天两天挺一下就能过去。"熬"既需要忍耐,又需要毅力,不是每个人都经得住"熬"的。可见,在人生道路上熬得住和熬不住大不一样。

不妨这样说:"熬得住就是一切。"想要有所作为,就要熬得住!名不见经传时,不要放弃,要知道,胜利就在前方,唯有熬得住的人才能看到新生的太阳。

第六章

结果导向：办成事才靠谱，炫耀能力难成大事

> 在这个人人渴望成功的社会，很少有人会一直关注过程，结果是最重要的。是否靠谱，当然也只看结果，能够成事才会给人安全可靠的印象。无论你多么善于雄辩，多么有实力，如果不能把一件事干好，令人满意，那么就无法赢得对方信任，起码在对方眼里你是个不靠谱的人，甚至是个负能量的人。

1. 做可托之人，别人才敢委你重任

身处激烈竞争的时代，一个人想要有一番作为，必须做一个值得托付的人，让别人信赖你。如此一来，别人才会对你委以重任，给你一个施展才华的平台，一个成功的机会。无论在何种场合，人际交往往往对成功有着非常重要的作用。正所谓"一个好汉三个帮"，良好的人际交往有助于促进事业发展，也容易赢得他人的赏识。

李峰和王刚是同一批进入公司的人，李峰是一个普通大学的毕业生，为人活泼开朗，比较随和，很快和同事们打成一片。王刚毕业于名牌大学，专业知识非常强，但他做事特别刻板，也不爱和别人交流。结果，虽然大家都很佩服他的能力，但是都不喜欢和他一起工作。年底的时候，总经理决定成立一个新部门，并且从公司内部挑选一个负责人。当王刚信心满满地以为非自己莫属的时候，其结果却令他大吃一惊：李峰被任命为负责人，负责领导王刚。对此，他感到非常不公平，便去找总经理询问缘由。领导给出了这样的解释："你的才华我虽然非常看重，但是想要成为一个好的领导者，有些东西也很重要，比如与同事们的关系，懂得协调彼此的关系，才能更好地合作，为公司创造更高的收益。"

王刚感到非常惭愧，于是他一改以前的做法，积极地融入同事们中去。慢慢地，同事们开始接纳他，几年后，总经理退休，他向董事会推荐

了王刚，在同事们的支持与董事会的讨论之下，他成为下一届总经理。

当然，除了通过实际工作展示个人才华，进而成为可倚重的人，我们还要学会主动展示非凡的才能、品质。因为，不是所有的人都会一眼看到你的本事，我们要学会毛遂自荐，适度推销自己，让别人看到你的能力，相信你是一个值得托付的人。如此一来，自然容易赢得被委以重任的机会，进一步去成就大事。

有一个学广告专业的大学生，毕业后四处找工作，却屡屡碰壁。一天，他看到一家知名旅游公司门口有一个招聘启事，于是主动进去应聘。然而，结果令人失望，负责人告诉他，现在不需要新人了，那个告示是以前的。最后，他垂头丧气地离开了。怎样才能让别人发现自己的能力呢？他思索了很久，第二天又来到那家旅游公司。负责人见他又来了，有些生气："再一次告诉你，我们公司人手够了，不需要新人。""那这个你绝对需要！"大学生说着便从包里拿出一个木板，上面写着："本公司暂不需招聘。"结果，对方看到后非常高兴，感觉这个年轻人既有脑子又有冲劲，很有前途，不仅破格录取了他，还进行重点培养。

与其等着伯乐发现你，倒不如千里马先行。须知，要主动出击，用行动证明自己的价值，借助一切机会展示自己的实力，从而获得被委以重任的机会，成为可托付的人。说到底，让人相信你靠谱，获得他人认同，事情就成功了一半，接下来再去身体力行就容易达成目标，真正有所建树。

在行动过程中，做好自己分内的事情非常重要，因为这是一个人有责任的表现。没有人喜欢与责任感缺失的人合作，也不会吸收没责任感的人加入自己的团队，做任何事都要各司其职，能够在自己的岗位上做好分内之事，才会赢得下次合作的机会。

上个月，阿伟所在的公司招聘了一批新人。在这些年轻的面孔中，有两个是"90后"。其中一个叫王乐，给阿伟当助手。然而刚刚过了一个月的时间，阿伟就感觉到他俩之间存在着难以弥合的代沟。对此，他难免愁眉苦脸地抱怨："上班不积极，到了单位总是在装忙，喜欢在单位打游戏，来得最晚走得最早。以前我们当新人的时候，都会勤快地帮老员工做一下办公室清洁，可现在……"

阿伟这么发牢骚，并不是捕风捉影，而是有着切身体会。有一天部门开会，他叫王乐帮忙找一些快消品的广告案例，并整理最近客户的名片。很快，陈伟收到了王乐整理的广告案例，却迟迟不见客户名片。阿伟询问此事，王乐毫不在乎地说："整理名片太枯燥了，不好玩，做起来没感觉。"从那一刻起，阿伟决心不再把重要的事情交给王乐做，如果出漏子就麻烦了。而在以后的工作中，王乐一直没有什么重要的工作去做，久而久之失去了锻炼的机会，也被领导认为能力不足，结果年终的时候被裁员。

在美国西点军校，流传这样一个观点：没有责任感的军官不是合格的军官，没有责任感的员工不是优秀的员工，没有责任感的公民不是好公民。凭借这种严格要求，每个西点毕业生都养成了自动自发做事的习惯，能始终如一地把事情做到位，进而成为值得托付重任的人，在日后事业发展中就能赢得机会。西点军校毕业的学生成为各个组织争抢的对象，原因在于他们接受西点理念的教养，是可靠的人，值得托付重任。

包紫臣是辽宁本溪矿业有限责任公司董事长，同时身兼全国人大代表、辽宁省政协委员、省矿业协会副会长、本溪市工商联副会长等职。他能取得这些成绩，除了多年的辛苦奋斗，更来源于他身上那种强烈的责任意识，以及默默奉献的精神。

1998年，包紫臣到本溪投资创业，由于他敢于拼搏再加上科学的经营理念，使得当时濒临停产的本溪市梨树沟铁矿选矿厂重新焕发生机。经过一番改革，企业终于步入发展正途，很快成为辽宁省黑色金属选矿行业的龙头企业。吃水不忘挖井人，包紫臣始终坚持回报社会，以高度的社会责任感投身当地公益慈善事业，在回报社会中完成了人生价值的升华。

一个人为社会做贡献，用自己的才智开创业绩，既有干事的能力，又有奉献精神，自然会被推上更大的舞台。他们做出的每一项成绩都可以用来证明其值得托付，反过来在承担重任的过程中，又在超越中提升了事业发展空间。因此，我们不应浮夸、炫耀，而应把精力投放在各项行动上，做出应有的贡献，而后赢得更多被委以重任的机会。这种发展路子，才最靠谱，你才能成为一个正能量的人。

做人正能量

做人难，想混好并不容易。想要有所作为，想要有大事可为，就必须懂得把自己做好，保持良好的心态，不要把情绪带到工作中。努力做好本职工作，积极做好每一件事，适时展露自己的能力，并勇于承担责任，自然会赢得被委以重任的机会，成为可靠的中坚力量。

2. 有自知之明，理性评估自身能力

我们常说，人要有自知之明，只有正确了解自己、客观评价自己，才能在知己知彼的基础上找到有效的行动策略，一步步接近成功的目标。

客观地了解自己，评价自己，明白"尺有所短，寸有所长"的道理，就容易发挥自己的长处，激发自我潜能，取得相应的成就。那些行业内的专家，正是做到了这一点，才超越了常人。

2012年10月，莫言摘得诺奖桂冠后，"魔幻现实主义文学"开始走入中国普通阅读者的视野，不少人总爱把莫言与魔幻现实主义文学的代表人加西亚·马尔克斯相提并论。对此，莫言并不否认马尔克斯对自己的影响。莫言认为，瑞典文学院的颁奖辞中说他的作品是"魔幻的现实主义"，这是比较合适的，如果仅是魔幻现实主义与中国的结合，就没有原创性。"写小说确实是一件需要灵感和想象的事情。"对于自己的文风，莫言是这样理解的，"我出身农村，在高粱地里钻来钻去，写它如鱼得水。而现在一些年轻作家，在我们放羊放牛的年纪，他们在看动漫，头脑里积累的是动漫的形象，一旦成为作家，这些素材当然会控制他们的想象力，成为他们想象的材料。"

莫言认为，自己从小在农村长大，对农村了解比较深，以农村为素材，不仅写起来更加顺手，相对其他的主题，也会写得更好。而且，他的

想象力丰富，魔幻在农村这个领域上还是一片空白，这无疑是一种巨大的写作机会。毫无疑问，莫言的想法非常正确，正是在分析了这些之后，他选择了魔幻现实主义，最终摘取了诺贝尔文学奖的桂冠。

有自知之明，理性评价自己，不要总是追求能力不及的东西。在很多时候，人们总会不顾一切地去追求最好的东西，却往往忽略了它是不是适合自己。有时候，最好的不一定是最适合自己的。须知，只有适合自己的才是最好的，因为它更容易落实到行动上，让我们在某个领域迅速有所建树。

一个人有所建树，面临着外界激烈的竞争。正所谓"山外山，人外有人"，你必须把自己的目标放在切实可行的地方，才能通过努力求得发展和进步，达到某个成功点。如果不能公正客观地评价，却总是好高骛远，那就无法把目标落实到行动上去，即使你想这么做也无从下手，或者付出了努力后不会有收获。这提醒我们，成事的一个关键是切实可行，做自己能力范围内的事，做靠谱的事。

今天的我们无论是在职场，还是到商场淘金，都要注意选择一个合适的平台或环境，而不是选择最好、最顶尖的舞台。根据个人能力定方向，定目标，然后通过执行一步步让梦想成真，这是成功路上最靠谱的行动方案。

做人正能量

要有自知之明，理性评估自身能力，既不好高骛远，也不要看轻自己。一个萝卜一个坑，找准自己的坑，才是成功的关键，才是成为一个成功人士的关键。把宏大的志向落实到具体目标上，更要落实到具体行动上，成功才能有所依托。

3. 不懂礼仪的人难登大雅之堂

中国人向来自称为礼仪之邦。孔子以为"不学礼，无以立"；汉代贾谊则把是否讲礼、守礼看作是人与兽的区别。懂礼仪，即说话办事有礼貌，这不仅体现着一个人的修养与气度，更关系着一个人是否能够成功，因为讲礼貌可以促进彼此之间的关系，缓解矛盾，为自己树立一个良好的形象和建立良好的人际关系。不懂礼貌往往会引起别人的反感，招人怨恨，使别人疏远，这样的人一般难登大雅之堂，能够在一起的也只有臭味相投的人。

良好的修养与道德会给一个人加分，相应的，不懂礼仪会给一个人减分，因为礼仪直接体现一个人的素质，尤其作为一个领导或者上司，是否懂礼仪更是会影响别人对整个组织的看法，因而在处事中不懂礼仪，往往会坏事。

早年，有家药物工具厂，准备从美国引进一条生产无菌输液管的先进流水线。为此，他们进行了周密的准备，付出了长期的努力，最终说服了对方来考察和谈判。经过一番沟通，对方同意合作，准备在引进合同书上正式签字了。签订合同的那一天，双方代表高兴地步入会场，这家药物工具厂的负责人咳嗽一声，并涌出一口痰。他偷偷地看看四周，一时间竟然没能找到痰盂，于是随口吐在了墙角。这一切，都被细心的美国代表看在眼里。顿时，对方皱紧眉头，更出乎意料的事情发生了，美国代表突然宣布取消签订合作协议，匆匆离开了会场。

这是怎么回事呢？原来，这位美国代表通过随地吐痰这个细节，认定合作方管理不严格，经营理念滞后，如果进行合作势必造成产品质量不过关，带来无穷后患。其实，这种担忧非常正常，输液软管是专供病人输液使用的，要求很高，必须保证绝对无菌，否则不符合标准，势必破坏公司品牌，这是绝对不允许的。合作方的领导竟然随地吐痰，可想而知，这个工厂的工人素质也不会太高，在这样的环境下，又怎么能保证无菌输液管完全无菌呢？于是，在最后关头，那位美国代表选择了拒绝签约。

正因为礼仪不过关，这家工厂失去了这次机会。其实，从长远来看，它失去的又岂止是这一次的合作？丢的不仅仅是一年来的努力，更是背后巨大的利益与公司的名声，而这都是一个工厂至关重要的东西。利益可以重新获得，然而，工厂的名声却是要靠更多的东西去挽救，其艰辛常人难以想象。这位工厂负责人使工厂蒙受了如此大的损失，相信等待他的一定不是什么好果子！一个人如果不懂礼仪，那么他的人格是不健全的，这样的人又如何能管理好他人，登得大雅之堂呢？

无独有偶，有一个人也因为不懂礼仪而为自己带来灾难——一场牢狱之灾。1998年1月9日，在广州打工的王某某高高兴兴地登上南方航空公司3403航班回四川过春节。飞机在起飞20多分钟后，王某某烟瘾犯了，便跑到飞机后舱厕所偷偷吸烟，还习惯性地将没有熄灭的烟头直接扔进旁边的纸袋里。5分钟后，飞机上的火警系统突然响起来，引起乘客们的恐慌，机舱里一阵混乱。空姐立即推开后舱厕所，发现里面烟雾缭绕，迅速取下灭火器把火给扑灭了。这祸端正是王某某没有熄掉的烟头惹下的。飞机降落后，刚走下飞机的王某某就被带进机场派出所，而根据有关部门的治安条例，民航成都双流机场对他处以7天刑事拘留的决定。

礼仪能体现一个人的修养、见识，进而影响他在工作、事业上的理念。很多商业大亨注重礼仪和修养，不仅为自己带来利益，更是为自己的事业增加助力。比尔·盖茨说："不要一直用敌视的眼光去看待你的同行和朋友，因为你的同行既是你的竞争对手，又可能成为你的合作伙伴。"他确实做到了这一点，即使是面对竞争对手的时候，依然能保持基本的礼貌。

在一个记者发布会上，有位记者问比尔·盖茨是否会选择用垄断的方式消灭谷歌。比尔·盖茨笑着说："不，我们会换一种方法。"他的回答既礼貌又巧妙，让人不仅佩服他的气度，更佩服其修养。雅虎公司绝对称得上是微软公司最大的对手，两家公司曾经为了争夺即时通信软件的市场份额发生过激烈的争夺战。令人意外的是，当雅虎公司提出要和微软公司合作的时候，比尔·盖茨的脸上依然保持着亲切的笑容。他很有礼貌地把雅虎公司派来谈判的人请进了会客厅，这帮助他在谈判中取得了主动权，最终使两家公司化敌为友，实现了商业上的最佳合作。礼仪，不仅为比尔·盖茨带来了经济效益，更为他赢得了好的声誉，其启示意义值得每一个人认真研习。

职场中的礼仪非常重要，它不仅代表着公司形象，更是关乎你的职场之路。刘某是南海一家从事钢铁业务的公司文员，每月基本收入有2300元。虽然并不算特别多，但是他很满足，自己文化程度不高，连小学也没读完，如果不是亲戚的帮忙，凭他自身条件不可能找到这种相对轻松的工作。他周围的许多朋友不是在工厂里当工人，就是在酒店当服务员，最好的也只是在超市当收银员。然而没过多久，他就失去了这份工作。他很疑惑，刚刚工作三个月，难道试用期出了问题？

说起原因，老板很气愤地指出，刘某不懂得尊重领导，太没礼貌了。起初，老板为了照顾刘某，把他安排到办公室任文员，主要负责接电话、为客户开收据，工作既简单又轻松。这与那些整天工作在高温机器旁，以及在烈日下送货搬货的同事相比，刘某犹如在天堂一般。而他本人也很珍惜这份工作，尽管每天工作时间从早上8时一直到晚上8时，但是刘某下班后仍留在办公室，毕竟这里有空调，比只有一台电扇的集体宿舍凉快多了。因为善于交际，刘某的朋友很多，而大家也会在下班后来找他玩。问题也在于此，他们在办公室里聚会。

有一次，老板到办公室取东西，恰好遇到刘某和他的几个朋友正在聊天。不知什么原因，刘某并没有将老板介绍给朋友认识，而是自顾自地说笑。而老板看到没人主动跟自己打招呼，并且看到员工下班后与朋友聚在办公室嬉闹，有点不像话。那一刻，老板感觉自己的威信受到了挑战。于是，就有了刘某被辞退的事情。

正是因为刘某不懂基本的礼仪，他失去了这份宝贵的工作机会。身在职场，对老板有最基本的礼仪，是非常必要的，毕竟那体现着一份尊重，一旦失去这份尊重，自己的位子又能保留多久呢？

在越来越注重社交的时代，一个人懂礼仪、有修养，显然有助于提升自我形象，维护人际关系。有礼仪的人充满魅力，而这是社交场上的通行证。不懂礼仪的人不被认可，无法赢得他人认同，怎么能与他人建立友谊呢？要想成为一个正能量的人，就得先从礼仪训练、加强修养开始。

做人正能量

礼仪不需要做太多，但它可以给你很多，然而，不懂礼仪，却会让你失去很多，大雅之堂又岂能登得？成功的人都知道，懂礼仪是一个人非常鲜亮的标签，清楚而又简单，却不容忽视，所以，想要做一个成功的人士，就从学好礼仪开始吧！

4. 对症下药，提高临场应变力

人生不是写好的剧本，它没有一成不变的情节，也没有固定的发展模式，总会有意想不到的事情发生。面对不期而至的突发情况，一个有能力、有魅力的人懂得果断处置，具备出色的临场应变能力。与这样的人在一起，身边的人会感觉比较放心，有安全感。

在现代社会，信息技术比较发达，公众人物生活在大众的目光中，因而他们的临场应变能力往往会给他们增彩。有一次，法国著名歌星多罗黛参加国际"白玉兰"电视节，在群英荟萃音乐会上，她款款地走向舞台中央。忽然，音响设备"哐"地轰然一响，场面十分尴尬。不过，有过少儿节目主持经验的多罗黛很淡定，她以特有的幽默举起双手做了个打枪的手势。看到这里，旁边的主持人曹可凡灵机一动，当即说道："多罗黛小姐，刚才是上海观众对您的到来表示欢迎，鸣礼炮一响。"话音刚落，全场一片掌声，一场尴尬被轻松化解掉了。

很多时候，只要对一些意外进行别样的解释，就能有效缓和局面，甚至让它成为亮点，为现场增色。显然，这需要当事人具备灵活的临场应变力，能够瞬间掌握局势，调动现场气氛，让尴尬的场景换成祥和的融洽氛围。

在演艺圈，马可一直尊崇汪涵为"大哥"，只因汪涵对马可的成长提供了很大帮助，付出过不少努力。不过，汪涵确实有真功夫，其出色的临场应变能力令人刮目相看。在一场快男比赛中，李行亮突然"退出"，不想再比赛。这一突发情况显然令人措手不及，要求主持人必须快速做出回应，以维系好大局。这时候，汪涵处变不惊，既语重心长，又游刃有余地说了一句话，"花儿不只在春天开放"。多么富有哲理的话啊，既让选手体面地退场，又恰如其分地转换了话题，让整个节目继续下去。当时，现场没有进广告来应对这一突发事件，但是汪涵迅速掌控了现场，因此获得了很高的评价。

大牌之所以大牌，不仅仅是因为他们的资深，更在于他们的临场应变能力，因为在演艺界有更多的意外，只有妥善处理才能被观众所喜爱，由此可知，在主持人这条路上，汪涵干得的确是风生水起。

沧海横流，方显英雄本色。越是在危难时刻，在紧要关头，越能看出一个人的本事。遇到紧急和突发事情不慌乱，冷静应对，自然会给人留下靠谱的印象。反之，遇到突发状况就手忙脚乱，甚至选择逃避，这样的人不仅能力有限，也无法获得勇担重任的机会。由此看来，一个人的舞台有多大，取决于他日常表现，尤其是在遇到突发状况时。

任何时候都没有万事如意的情形，最根本的一点是掌握处置各种事务的方法，在日常工作中积累相关经验。最重要的是，遇事要迎上去，而不是退缩。积极、勤奋的人会在迎难而上中历练才干，随时准备好有更大担当。

做人正能量

以不变应万变，不是说什么都不做，而是面对突发情况时，保持镇定，不要自乱阵脚，然后用最佳的方法去解决，这就是高超的临场应变能力。想要成为一个成功的人士，临场应变能力是一门必修课。毕竟，人生不是事前排练好的。

5. 迂回攻克，从后方找到捷径

德国战略学家冯克劳·维茨将军说："往往最迂回，最曲折的路是达到目标的捷径。"事实确实如此，有时候，我们遇到一些问题停滞不前，只是从问题本身直观地寻找解决的方法，往往没有什么效果。相反，如果迂回地解决问题，反而会有效果。其中，围魏救赵就是一个很典型的实例。在遇到问题时，一个人要懂得别一味地去硬碰硬，不妨迂回攻克，从后方找到捷径。

丁肇中发现 J 粒子，并因此获得1976年诺贝尔物理学奖，被美国政府授予洛仑兹奖，被意大利政府授予特卡斯佩里科学奖。然而，在丁肇中发现J粒子的背后还有一个不为人知的故事。在微观物理学中，高能条件下只能产生一些寿命极短的粒子，这是一种常识。按照惯例，想要探索这些微粒，使用普通的低分辨率仪器就可以了。

19世纪70年代初的时候，科学界对重光子的研究陷入困境，停滞不前。当大多数科学家们纠缠于实验过程本身，想要改良实验时，物理学家丁肇中开始改造测试仪器，花了两年多时间，耗费了大量人力和物力之后，终于研制了一架高分辨率的探测器。这一举动立刻遭到了许多物理学权威的不屑。因为，这样不仅颇费周折，还毫无价值！创造性的思维在获得成功之前，往往显得微不足道，甚至遭人唾弃。要知道，正是借助这架仪器，丁肇中在1974年发现了轰动世界物理界的J粒子。

当大家在追究于实验本身时，丁肇中另辟蹊径，从一个大家都很不看好的方面出发，改进仪器，看起来完全没联系的解决措施，反而促成他的成功。他的方法打破了常规，虽然迂回，却攻克了他所面临的问题，这又何妨不是一个捷径呢？

迂回的方法在实际工作中很常见，运用好迂回的策略，不仅可以解决问题，还会取得巨大成功，获取最大收益。在现实生活中，一个人做事尤其需要懂得迂回策略，别一条道跑到黑。一方面，身边往往是亲朋好友，或者长久生活在一起的人，如果彼此之间遇到事情都采用直接的方式去解决，有时候不仅会解决不了问题，还会伤害彼此的感情，得不偿失。另一方面，在处理某些事情的时候，如果通常的方法行不通，不如选择迂回路线，达到特定目的。

刘珂和王斌是大学同学，毕业后分配到同一家公司，关系自然非常亲厚。有一天，刘珂买了一件限量版的名牌手表，而王斌也在一期杂志上见过这个产品，并且心仪已久。随后，他多次尝试购买，可是因为产品紧俏，没有成功。看到刘珂戴着那块名表，心里难免有些嫉妒，出于面子的问题，他又不好意思说自己想佩戴一下。在不断纠结中，王斌后来竟然干了一件令自己都匪夷所思的事情。

这天午休的时候，王斌看到刘珂去吃午饭，却将手表遗忘在办公桌上。看到四下无人，王斌偷偷地将手表拿过来，顺势放在口袋里。接着，他出了公司大门，来到旁边一个公园，把手表藏在一个隐蔽的角落里。刘珂回来后，到处找自己的手表。下班后，刘珂邀请王斌一起去吃饭，两个人聊了许多事，也谈到了彼此的友谊。实际上，有人看到王斌拿了手表，并把这件事告诉了刘珂。不过，刘珂没有当面索要手表，而是通过叙旧增进感情的方式，打动对方。果然，第二天上班后，刘珂在办公桌上一个不起眼的角落发现了丢失的手表。这一件事发生后，两个人的关系更密切了。

如果刘珂没有装作不知情,而是直接向王斌兴师问罪,相信他们一定会撕破脸,多年的友谊自然会坍塌。好在刘珂采用迂回的方式,不仅为王斌保存了体面,还"寻"回了自己的手表。不得不说,一个人懂得迂回战术,往往能在关键时刻化腐朽为神奇,取得令人满意的结果。并且,懂得灵活运用战术去做事,也是一个人有能力的表现,其成事的本领会更大,更靠谱。

做人正能量

有时候两点之间,直线未必最短,迂回前进,从后方绕一圈,反而是捷径。面对困难时,不要太钻牛角尖,要懂得迂回,毕竟,解决问题不是只有一种方法,有时候曲折迂回一些,看起来费事,却能成事,何乐而不为呢?

6．人际保温，千万别透支人情

人生在世，少不了与人交往，从而涉及情分，也就是通常所说的"人情"。有些人总是靠人情办事，但人情也是有额度的，比如银行存款，你存多少钱，就领出来多少钱。如果和别人只算得上是泛泛之交，能让他帮的忙就很少了，毕竟交情不深，人家没必要总是帮你。如果总让人家帮忙，那就是透支了。因此，能靠自己，就不要麻烦别人，不要轻易动用人情，以免提早把人情存款取光。

一个人总是爱炫耀，这恰恰印证了其内心的虚荣与空虚。他们总是高估与他人的交情，但需警惕"人情存款"额度有限。凡事都求人帮忙，就意味着要透支"人情"。透支的结果无非是两个，一是与他人之间的关系变淡，别人不愿与你深交，对你的请求也推三阻四，不予理睬。二是在朋友圈里，你成为不懂人情世故的人，谁都避而远之。现实生活中，这样的例子不胜枚举。

有位朋友在一家杂志社做编辑，由于经费太低，请不起作家约稿。为了保证品质，他就动用人情，向几位与他私交不错的作家邀稿。几次之后，一位作家忍不住说："咱们是朋友，我理解你，但你也要体谅我，我是自由撰稿人，全靠稿费吃饭，你们杂志社全靠人情维持，一天两天行，长此以往不是办法，我真没办法再继续供稿了。"

这一案例恰恰说明，透支人情不是长久之计，会瓦解你来之不易的人际关系，长此以往并不靠谱。当今，很多人喜欢用"人情"做事，丝毫没考虑到它是有限量的。就像在银行存款一样，你存得越多，才会领取得越多。

因此，一个人要懂得好钢用在刀刃上，别在平时滥用人际关系，务必放到关键时刻再发挥其最大价值。具体来说，求人办事的时候动用"人情"，需要注意几点：首先，看你们的交情有多深，再决定是否找对方帮忙；其次，别人帮忙后要有所表示，及时"还人情"，对方才会心理平衡；再次，动用人情的次数越少越好，一点小事就求人帮忙，迟早会降低你的威信，变成不受欢迎的人，也会成为他人眼中不靠谱的人。

王女士是一名医生，在两年前因孩子转学的事，拜托过教委的一个同学帮忙。自那以后，这位同学便多次带着亲友来医院找王女士帮忙，像半价CT、婴儿性别鉴定、高价病房算低价等。这些都是有违医院规定的，让王女士很为难，因为一旦被查出来，她就要丢掉工作。但是碍于情面，又不得不做。后来，王女士渐渐疏远了这位同学，直到最后两人都没来往了。

由此可见，"人情"是有上限的，透支过度会给自己惹来麻烦。当然，人情储蓄也不能即存即支。如果你帮了别人，就急于在别人那里获得回报，你就犯了人情世故的大忌。这样做，不仅会丢掉人情和面子，同时也丢掉了做人的本分和进退的分寸。

生活中有很多这样的人，帮了别人一点忙，就觉得高人一等，总想着别人欠了他的。这样的心态，会造成严重后果。最后你就算帮了别人的忙，也没有增加自己人情账户的收入，反而让别人觉得无法与你打交道。其实，只要你有心从细微之处做起，留意别人是否有困难，及时伸出援手，多储蓄一些人情，将在以后的工作生活中受益匪浅。

在构建人际关系的过程中，需牢记一点，不要轻易透支人情，要把人情用在刀刃上。不久前,张宇跟几个朋友一起去喝酒,说起一件事,让他觉得如何运用人情还真是门大学问。

张宇交了一个网友,两人觉得遇到知己了,都有相见恨晚的感觉。网友每天都问吃饭了、心情好吗、有时间来我这儿玩吧、我请你喝酒、钓鱼、看日出日落,张宇在工作上有什么烦心事,也会说出来,甚至失恋了也找对方倾诉。两人每天聊得非常愉快,张宇说总能从网友那里找到共鸣。同时,他也是一个非常坦率的人,什么真实信息也都告诉网友。

后来,网友问他:"你从事什么行业?收益怎么样?好做吗?"张宇也坦诚地说:"挺可观的,年薪几十万。"时间一长,网友就开始跟他要项目、要资料、要学员、要技术等。起初,张宇觉得朋友之间不应该计较这些,既然对方需要就该帮忙。然而,网友依然不满足,又问具体怎么运作、有什么技巧呀。张宇虽然有些厌烦了,但依然耐心地解释,并给予得力的指导。

再后来,网友对张宇说:"给我代发产品吧,把我拉进你的VIP吧。"张宇这回真生气了,这工作上的事属于个人机密,是解决生计问题的饭碗呀。当机立断,张宇就和那位网友说:"咱俩交情就到这吧!"从此,不再和那个网友联系了。

每个人都会厌弃那些靠透支朋友感情来达成某种目的的人。须知,朋友不是用来出卖的,朋友也不是用来利用的,别人没必要也没义务帮你。其实,世界上最贵的就是人情,欠账要换,欠人情也是要还的。正所谓,世界上没有免费的午餐。

当你和别人有交情时,不要动辄就麻烦对方。除非形势所迫,遇到难关了,否则不要滥用人情。关键的时候发挥人情的威力,才会真正物尽其用。反之,如果遇到一点小事就求人,势必浪费彼此的关系。如果你以大易小,日后危急时刻,就没有什么人情关系可以用了。真正的人情关系,会是你成功路上一笔最宝贵的财富,它需要珍藏,关键时刻才能动用。并且，千万不要"透支"人情，否则你会付出沉重的代价，得不偿失。

做人正能量

在人际交往中，要懂得经营人际关系。有时候，经营"人情"就像投资理财一样，你投进去多少，不可能当即就获得回报。不能只看眼前利益，要有长远眼光。"人情储存"有一定的额度，不能滥用，不可挥霍，以免让别人觉得你是个不靠谱的人，从而没法与你深交。所以，不要轻易透支人情，在关键时刻出手，人情才能发挥其最大效力。

第七章
口才出众：正能量的人都有一张靠谱的"嘴"

言为心声，一个人说话不着边际，说到做不到，怎么能与靠谱挂钩呢？那些正能量的人，往往一诺千金，懂得把话说到点子上，直击问题的要害。一个人的价值，首先体现在辞令上，在三言两语之间搞定一切，恰恰是正能量做人的生动体现。

1. 办成事儿不难，就一句话的事儿

在人的一生中，做人、说话和办事，三者看似独立，实则相辅相成。会说话，有助于拥有良好的人际关系，进而顺利办成事，实现预期目标，让人生更出彩。成功的表达和沟通会让问题迎刃而解，失败的沟通则会让人前功尽弃。所以，办事之前先学会说靠谱的话，才能办对事。

懂礼貌的小学生会更受老师和同学的欢迎。顾名思义，相对于被孤立、排斥的环境来说，得到众人信赖和喜爱时你会享受到更多的阳光和快乐。毕业后走向社会，作为求职者，成功的自我介绍会让你在万千竞聘者中脱颖而出，从而顺利地找到理想的工作。在工作岗位上，好的言语技巧会换来好的人际关系，进而有助于事业发展和个人空间成长。人到中年想做呼风唤雨的领导，表达能力则是必备的基本素质之一。人一生中，不仅需要说话，还得学会说话，为自己谋得胜利的果实，也为他人送去更多的微笑。

有句话叫"祸从口出"，意思是不懂言语技巧的人会四处碰壁，很多时候就是表达上的失误导致对方误解，从而招致灾祸。想成为正能量的人、办出靠谱的事情，怎么能忽视说话的重要性呢？

有一个宿舍里住着六个男生，大家相处久了难免会产生摩擦。最近，李强和张华要一起出差，陪同老师做田野调查，不用说他们是一个导师组

的。出发前的晚上，李强睡得比较晚，因为他花了很长时间收拾行李，包括田野调查期间要用的录音、摄像和访谈稿子等很多东西。一不小心，李强碰到了下铺的张华，对方早就忍无可忍了，不禁大吼一声："还让不让人睡觉。"他这么一吼，本来就劳累的李强也火冒三丈，两人你一句我一句吵开了，最后竟然打了起来。

这不仅影响到其他同学休息，也因斗殴导致双方受了伤，没有伤残已是万幸。更糟糕的是，他们还要在第二天的外出中合作，并继续当两年的室友。问题是，现在由于一句话而大打出手，把关系搞得很糟，让彼此陷入了被动。

言辞是一种沟通的手段，更是传递信息的一种有效方式，所以开口说话务必要靠谱，别说不着边际的话，更不能一时兴起在言语间得罪他人。试想一下，一个人连与他人良性沟通都做不到，还怎么谋求更大作为呢？

人生在世，要学会审时度势，不是所有的愤怒和不满都能随意宣泄，懂得体谅他人才能实现利己利人的目的。一个人说话太随意，必然招致他人误解，或者引发利益上的争夺。结果是，不靠谱的话招来莫名其妙的矛盾，接下来做什么都困难重重。因此，做一个正能量的人必须从说靠谱的话开始。

说话靠谱，才能办对事情。这其实是一种人际表达、沟通的过程。练就一张靠谱的嘴巴，可以从以下几个方面入手：

第一，练习语言组织能力。

表达能力包括词语的使用能力和篇章的组织能力，从中我们能看出一个人的思维逻辑、洞察力，及其对事情独到的见解或非凡的领导才能。所以，会说话是一种关系个人发展前途的重要能力。一个人会说话，先要从语言组织能力练起，掌握遣词造句的技巧，学会准确表达自己的意图。

第二，掌握言辞背后的心理认同。

每个国家都有自己的语言，地区和地区之间也会有各自不同的方言，但语言除了文化属性之外，还有一个重要的属性就是它的心理性。语言是抽象的，但它的具体表现形式是言语行为，言语的本质是一个心理过程和思维过程。因此人的心理和思维状态决定了人的言语表达，从而决定了语言系统。认识到语言和心理因素的关系之后，就可以总结出一些说话做事的基本原则。由于人的很多心理因素都很相似，因此善于换位思考有助于掌握说话的心理禁忌。

第三，说对话才能办成事。

求人办事的时候，说对话至关重要。针对不同的人、不同场合说话，才会有的放矢，把话说到对方心里去，从而促成合作等事宜。有的人办事不靠谱，在于他们无法掌握说话的禁忌，结果一不小心就说错了话，最后导致无法收拾残局。须知，说对话，让人觉得你靠谱，才会让人见识到你出色的办事能力。

第四，坚持言语平和原则。

平和的心态往往会有平和的言语，而不平和的心态则会表现出过分激烈的言行。无论面对怎样的误解，只有平心静气，才能避免摩擦，从而进行更好的交流。

做人正能量

任何时候，都不能丢失真诚这个原则。人与人之间的交往必须在真诚的基础上进行，才能赢得信赖，建立合作关系。无论面对的是朋友、伴侣还是下属，我们都需要真诚，只有真诚的话语才能深入人心。

此外，说话的时候还要明确自己的身份，才能说出靠谱的话。每一个社会成员都有相应的地位和角色，社会角色的不同决定了语境的不同。所以，在说话办事的时候，先要给自己一个清晰得体的角色定位。在不同的关系面前，学会灵活面对听众，采用得体、恰当的言辞拉近距离、建立信任关系。

2. 靠谱的人话不多，但句句都是重点

在一个充满竞争与合作的信息化社会，说话不仅是人们日常生活之必需，也是直接影响个人事业成败的重要因素。生活中，人们要交流信息，沟通思想，必须拥有语言表达的能力，能够准确呈现头脑中的想法。而说话是一门艺术，很多时候在精不在多，说多了反而误事，"一针见血"是说话最高的境界。因此，留心观察那些靠谱的人可以发现，他们说话很少，却句句都是重点，三言两语就能搞定。

春秋时期，能说会道的诸子百家四处游说，宣传自己的主张，对社会和自身的发展都起到了积极的推动作用。在国外总统选举过程中，演讲和辩论都是必不可少的环节。美国人在第二次世界大战期间还把"口才、金钱和电脑"看成是世界上赖以生存和竞争的三大法宝。可见，会说话是自古至今都很重要的一门技能，其中说到点子上则是关键。

小李今年刚毕业，选择留在北京发展。在繁华的首都，面对激烈的竞争，他很认真刻苦地去面对每一件事。找工作面试的时候，他总是把自己的优点、缺点全面阐述一遍，结果每次都无疾而终，等不到应聘公司的回话。事实上，他没有考虑到每一份工作对个人特长或技能有各自不同的要求。比如，物流公司需要信息统计能力，你却在展示自己琴棋书画的能力，自然无法赢得对方认同。也就是说，说了一堆废话，沟通中没有

重点，别人也就无法了解你。在别人眼里，你连最基本的沟通技巧都不具备，也就不可能有谈论合作的机会了。

记得中学时候，校长讲过一段话，令人印象深刻。那时，学校每个月都有补助，按照期末成绩分成每月40、50和60三个等级。学校里几乎每个人都享有这份补助，也是孩子们除了父母提供的生活费外，一笔额外的收入。

但是，每到月末就开始听到大家讨论补助费，有的班干部不知道发补助的确切时间，有人埋怨学校一直不发补助费，等到月末还没领到钱，整个校园到处都有各种抱怨声。这样的气氛弥漫在每个班级、每个同学身上，直到有一次学校召开集体大会，校长发表了一段讲话，事情才有了改变。

校长是这样说的："以前有一个五保户，国家每月给他一百多块钱的补贴。有一次，村干部太忙，没有按时给补贴的钱，他就开始理直气壮地责问，'你们这些干部怎么连我的补助都不发了'。他已经完全忘了，那是党和人民对他的施舍和救助。我不希望同学们也像他一样，不仅不懂得感恩，还把国家和党给我们的补助当成了一种亏欠。"

一个正能量的人说话应该像校长一样抓重点，处处说到点子上，直指人心，这样才能在最短的时间里阐明主旨，收到最佳效果。无法清楚、准确地表达内心想法，一开口就让人厌烦，这是缺乏语言能力的表现。这样的人说话无法征服他人，自然办事也会失去号召力。更重要的是，当你无法在表达上令人信服，就失去了公信力与权威性，必然与不靠谱挂钩。因此，一个人办事靠谱首先要有一张靠谱的嘴。

有一次，美国著名作家马克·吐温去听牧师传教。一开始，他感觉对方分析得很有道理，听得很入神，暗暗决定捐出身上所有的钱。但是在接下来的时间里，他又发现牧师一直在重复很多东西，意思也很明显，吸引大家信教并捐款。结果，马克·吐温不耐烦了，因为牧师说话内容太过冗长，听了一个小时候后他决定只留下身上的整钱。又过了半小时，他决定分文不给。等到牧师讲完了，他不仅自己没捐钱，还从捐款的盘子里拿了两块作为这段聆听时间的补偿。在这里，牧师犯了一个错误，那就是演讲不简洁，乃至令听众反感。马克·吐温就为此十分恼火，捐款的意愿从有到无，这恐怕是牧师当初没有料到的。

有人认为，口齿伶俐可以在短时间内传播大量的信息，却忽略了传播信息的价值是让听众产生信任感。言语简洁明了能有效输出最大的信息量，满足听众的心理需求。通常，简洁突出重点的话语，在短时间内的大信息量有助于博得听众的好感。自信心强、办事果断的人，其言语总是简洁精练的。想学会说话，突出重点就是其中重要的一环，他会给对方留下干净利落的好印象。

因此，一个人在发表谈话之前，首先要对事情的来龙去脉有一个清晰的了解，做到心中有数。这是接下来进行正确分析和解说的基础，少了这一步就会失去客观评价的标准。显然，对事情不了解，却滔滔不绝，自然容易说错话，给人留下不可靠的印象。

其次，说话的时候要把握中心思想，张弛有致。说话不是照本宣科，有时难免会穿插一些题外话，此外发现之前漏了某些重要观点也会临时补充，这在所难免。关键是，一定要掌控好谈话的全局，收放自如，切忌乱了章法，讲话没有重点是最让人头疼的。把握中心之后要言之有序，要连贯一致，让人一听就明白你的用意，说话不是猜谜语，短时间内让人明白才是成功的。

最后，与他人沟通的时候要通情达理，这样有助于得到他人的心理认同。比如，可以适当地通过比喻进行形象说明，以最贴切的情理让人明白你的用意。通常，只要最大程度上获得对方共鸣就容易达到良好的沟通效果，让对方见识到你高超的说话之道。

做人正能量

　　说话说重点看似简单，但是其实是经过长时间的累积和思考后才得到的一个成果。事情总是千变万化的，我们得应时应事地做到说话时突出重点。突出重点就得做到有取有舍，简明扼要，来达到突出效果的特点。

3. 弹琴看听众，说话看对象

一个有修养的人说话要看对象，分场合，语言也要讲究分寸。在与人交往的过程中，给他人和自己留点空间，有助于双方和睦相处。古人常说"言之有理"，是指说话要分清对象，恰如其分，有礼有节，说话时态度和蔼，表情自然，语言亲切，表达到位。显然，不看对象、不分场合的说话，就等于打枪直射不瞄准，万万靠不住。

一个人的社交活动频繁，在不同场合面对不同的人，要求其角色必须做出相应的变化，进而要求说话也要分清对象，符合一般的心理认同。道理很简单，你跟一个没有读过书的人讲WTO，初次见面管一个未满18岁的小女孩叫嫂子，非要在一个身体残疾的人面前讲述谁跑步有多快等，显然都是不靠谱的话题。这样说话办事，一是达不到交流的目的，二是可能会伤害他人，给彼此带来不必要的麻烦。

"人上一百，形形色色"，说话的时候必须顾及听众的差异，充分了解听者的身份、年龄、职业、爱好、文化修养等各方面的情况。总之，说话妥妥当当，令人满意并达到目的，才是会说话的表现，会让彼此都顺心、满意。

学校附近有个餐厅生意很火爆，由于学校在郊区，去餐厅的人包括学生、老师和附近的居民等不同职业和身份的客人。其中，有一个备受大家喜欢的前台服务员，很会说话，招呼客人的方式就很灵活。看着客人的穿着打扮，他能及时判断出对方的职业和身份，然后用不同的言语招呼。

比如，看到西装领带的上班族，他会说："先生，您要用餐请这边坐。来个拌鸡丝或溜里脊，清淡利口，好不好？"有蓝领打扮的人进来，他会马上换成一套通俗、易懂的话，说："师傅，今天想吃过油肉，还是汆丸子？"对知识分子，用语文雅、委婉；对工人，用语直接、通俗、朴实。这就恰到好处地适应了不同对象的心理诉求，从而通过靠谱的介绍和推荐，为顾客提供了得体的服务，又能让大家成为回头客。

有人会看对象说话，给了众人好印象；当然，也会有人说话不着边际、不得体，给人留下不靠谱的印象，甚至招来各种祸患。明朝开国之君朱元璋一生经历丰富，小时候放过牛，后来南征北战当上了皇帝，彻底改变了一生的命运。朱元璋称帝后，有两个小时候的玩伴前来拜访他。

拜见一国之君，他们得依次进见，两个人不同的说话内容给了他们完全不同的命运。第一个人被引进宫内，他坐下后便开始畅谈童年往事："我主万岁，还记得小时候的事吗？以前我和你替地主放牛，有一天我把偷来的青豆放在瓦罐里煮，豆还没煮熟，我们就开始抢着吃。后来不小心把罐子推倒在地，罐子打破了，豆子撒了一地。我们还是继续捡着地上的豆子吃，后面你吃得太快，一不小心把草叶抓进嘴里，卡在喉咙里。后面还是我出的主意，让你把青菜叶吞下去，才把卡在喉咙里的草叶咽了下去。"他兴高采烈地讲完故事，仍旧把自己逗得狂笑不止。而此时的朱元璋面对这个昔日的玩伴，真是哭笑不得，且有各位大臣在场，为了保住面子，他把脸一沉，冷冷地说："哪儿来的疯子，替我乱棍打出去。"

这就是不分场合、不看对象胡乱说话的下场。他忘了眼前是万人之上的一国之君，而非一个普通朋友。回忆早年这些有趣的故事，跟老朋友畅所欲言是无所谓的，但是对方已经是一国之君，就应该有所收敛了。否则，说了不靠谱的话，就会招来祸患。

被棍棒赶出宫殿的人回家后，哭丧着跟另一个朋友讲了事情的经过。这位朋友听完抿嘴一笑，很自信地说："如果我去，肯定会是不一样的结果。"于是，皇帝的第二个玩伴又进宫了，但说的话完全是另外一套。见了皇帝，他首先是纳头便拜，然后叙起旧来，说："皇帝还记得吗？当年微臣随你大驾去扫荡泸州府，打破了罐州城，汤元帅在逃，你却捉住了豆将军，红孩儿挡在咽喉之地，多亏菜将军击退了他。那次战斗我们大获全胜。"朱元璋对旧友吹嘘的那场战争心知肚明，但他把丑事说得如此含蓄动听，无论真假，在众人面前熠熠生辉。此事为自己挽回了面子，又是早年的患难之交，朱元璋一激动就让他当上了御林军总管。

同一个故事，面对同一个人，不同的讲述方法换来了截然不同的结果。由此可见，一个人说话一定要分清对象，采用得体的方式陈述内容，采用靠谱的言辞打动人心，这样自然会收到良好的效果。说话是一门大学问，不仅要注重说话的内容，更要注重说话的方式，站在全局考虑问题，这样与人交谈才靠谱，才让对方受用。反之，说话不分对象，不重视方式，完全由着自己的性子来，注定会得罪他人，甚至失去人心，成为他人眼中不靠谱的人。

一个人说话办事，总是为了特定的目的，力图完成特定的任务。既然如此，说话的时候就要顺从人心、驾驭人意，引得他人的认同。根据不同的对象采用适当的谈话方式和策略，自然有助于把话说到对方心里去，按照自己的意图行事。因此，练就一张靠谱的嘴，是一个人成事的关键。为此，应着力从以下几点努力，在说话方面更可靠。

一是认清对方当下的身份，认清对方此时的基本状况。如果不知道具体情况，先别忙着说，甚至可以让对方先说、多说。这样一来，自然可以从对方的话语中掌握更多有价值的信息，免得自己无心的话语伤到其痛处。这是看对象说话最基本的原则。

二是摸清对方的脾气性格，从而采取恰当的谈话策略。遇到固执的人，千万别跟他争辩，否则会没完没了。争执无益于解决问题，只会让彼此的矛盾扩大，你得罪了他人，也累了自己，最后成为对方眼中不靠谱的人，万事难成。

三是关注对方的职业、年龄，并分清自己跟对话者的关系，给自己一个准确的定位，说适合彼此间关系的话，恰当、准确而又愉快的交流。

做人正能量

因为家庭教育背景和个人的人生经历以及自身的性格差异，人们在说话中的喜好也会不一样。你只用一种说话方式对待所有的人，自然会有人喜欢有人厌恶，无法与对方建立信任的关系。因此，想在说话方面成为靠谱的人，首先要学会采用因人而异的沟通策略。

在不同的场合，面对不同的人，你跟众人的关系也不一样。这时候，一个人要分清自己特定的角色，才能在此基础上说出靠谱的话，办成靠谱的事。比如，在家里你是孩子的父亲，面对父母你又是儿子，所以你不能用教育孩子的口吻跟父母说话，也不能用恭敬父母的口吻与孩子交谈。以此类推，与任何人交往都要懂得变通之道。

4．别急着开口，说话前先琢磨对方心理

察言观色是与人交往过程中把持自若的基本技巧之一，在知己知彼的基础上采用恰当的谈话策略有助于实现预期目的，也是说话靠谱的应有之义。在交谈中观察对方的表情，体察对方的心意，然后有针对性地说话，可以迅速拉近彼此的距离，减少因不懂人情世故带来的困扰。经验表明，当你了解了对方的真实想法，再去与之交谈，就能有效地驾驭人心，办好事情。

当然，谙熟他人心理需要一个过程，不可能在相遇的第一秒就能做到。即使是很熟悉的人，也会受到外界影响，而在情绪上有很多变化，难以让人捉摸。人与人之间的交往是一个从陌生到熟悉的过程，所以在整个过程中要懂得细心呵护、维持这层关系，说话的时候懂得拿捏对方的心思，才能避免说出不靠谱的话。所以，无论是熟人还是陌生人，在沟通中懂得琢磨对方的心理，并采取得体的言辞再开口说话，有助于说对话、办对事。

心理学上说，人都有自尊心理，比如在众人面前指出他人的过错，或者打断对方谈话，很可能让对方下不来台，难以接受。接下来，你再说什么话题，对方往往听不进去，甚至与你做对，这样就失去了良好沟通的可能。因此，在交谈时就应该对此有所警惕，尤其是观察对方个性如何，是

否自尊心特别强。如果情况属实，就应该采取圆融的谈话技巧，从而让对方乐于接受，这才是最靠谱的沟通方式。显然，懂得察言观色，尽量避免不必要的冲突和伤害，才能如愿成为"万人迷"。

完全认识一个人也许要花费一辈子的时间，甚至还做不到，但大概了解一个人，并遵循一定原则与之实现良性沟通，则不需太长时间。人的个性、喜好往往凝聚在其言行当中，只要有认识和了解的意识，并努力去做，就容易获得相应的认知，从而提升说话的水平。跟陌生人相处时，我们可以把重点放在后面，先通过一些无关紧要的话题让对方侃侃而谈，缓冲一下陌生、紧张的气氛。对方放松了身心，自然容易敞开心扉，有助于你掌握其心理特色与说话特点。许多人脾气急，缺乏耐性，说话时容易不拘小节，忽略了照顾对方的感受。在此，尤其需要加以改变，凡事别急着开口，摸清形势、了解对方的脾气与心理再进行沟通，自然容易把这次交谈变成靠谱的交流。

通常，当你了解一个人的心性后，顺着对方的话往下说，往往不需要太多溢美之词，就能获得对方认同。《红楼梦》里，贾宝玉是天资聪明深得家族女王老太太疼爱的"混世魔王"，与此同时也肩负着踏上仕途、光宗耀祖的重任。偏偏他不喜欢做官，喜欢自由自在的生活。于是，家人就不断地劝说他步入仕途，除了家里的长辈，年轻一辈的薛宝钗、史湘云等人也参与进来。一个人是该去闯荡世界，有一番作为，更何况是贾府那样的大家庭，更需要有人来秉承祖宗的大业。不过，贾宝玉铁了心不做官，结果很多劝说都没有发挥作用，反而惹恼了他。只有林黛玉没有刻意讨好贾宝玉，也没有刻意劝说。后来，贾宝玉说过一句话："林姑娘从来没说过这些混账话！要是他说过这些混账话，我早就跟她生分了。"由此不难看出，一个人是多么在乎内心的感受，有时候竭力劝说，反而适得其反。反过来说，一个人想发表一通高论，劝说他人，务必先要学会拿捏好对方的心思，千万别碰钉子。

林教授是一名大学导师，性格很温和，带着十几个学生，从硕士到博士都有涉及。每个开学和期末，他都会把学生集中起来开个会，对过去做总结，为未来做规划。林教授很看重类似的每一次聚会，之前都会通过电话、邮件等提醒大家务必参加。有一次，几个学生没参加聚会，理由五花八门，有人已经回家、有人在实习等。显然，林教授十分生气，不过他还是认真开会，进行总结，耐心地给大家讲解。根据一个月前毕业生的论文和来年毕业的课题报告，他提醒同学们假期要做好调查，注重理论联系实际。

接着，林教授给了几个具体的文本，然后就讲述哪个文本用哪种方法去研究。其中一位学生在下面大喊一声："这个方法和文本之间没有一对一，很多时候可以综合运用。"这不礼貌的言行再次激怒了林教授，但是为了维护大局他仍然耐心讲课。

没过多久，那位学生又跑到外面接了一个电话，回来后仍然在不断地发短信。本来就在小会议室里，大家的一动一静都能看得很清楚，他始终没有顾忌老师的感受，在接下来的数次沟通中我行我素，十分令人讨厌。到会议快要结束的时候，林教授看似平静而又很严肃地说："你有事可以先走。"虽然只是简单的一句话，但老师的表情和语气明显流露出不满。至此，这位同学才被惊醒，会后还不断问其他人："我做了什么，让老师这么生气。"

显然，上面这位同学太不知趣了。一开始，林教授面对学生缺席，就有些不高兴；后来，这位学生挑衅老师的耐性，并且接二连三，就更过分了。这样怎么能与林教授进行有效沟通呢？很多时候，即使面对我们熟悉的人，也要分场合去交流，万万不可说话不经过大脑。一时高兴而急着开口，注定把局面搞砸。说一些不靠谱的话，虽然高兴一时却会坏了大事，怎么能不小心呢！

一个人说话办事，重在让人放心、满意。因此，开口之前一定要琢磨对方的心理，最大程度上照顾对方的感受。尤其是初次与人见面，更要了解对方的脾气与爱好，万万不可自说自话。如果一不小心戳中他人的痛处，给他人留下了极差的印象，那只能独自一人去收拾残局。

清朝时期有一个举人，经由三科，又参加了候选，最后终于得到了县令一职。第一次拜见上司，可能是因为紧张、激动，一时间找不到合适的话题。沉默了一会儿，他终于开口了，突然问道："大人贵姓？"上司很惊讶，但出于礼貌还是说了自己的姓氏。县令抬头想了想，又问："百家姓里，没有大人的姓啊。"上司此时已有些感觉被冒犯，还是回答了对方："我是旗人。"县令连连点头，但还在继续问："大人，你这个姓属于哪一旗？"上司回答："正红旗。"县令完全不假思索地说："正红旗不好。"结果，上司气急败坏，可怜县令千辛万苦得来的县令一职，还没有上任就被打回了原型。

在上面的故事中，这位县令太不会说话了，根本不懂得把握对方的心理。更何况他面对的是上司，结果因为说话不靠谱，丢了职位，真是可气又好笑。与人打交道是门学问，说话更能体现一个人的交际水准，唯有懂得拿捏情势、把握听者心理才能说对话，办对事，成为靠谱的人。

做人正能量

言谈能告知你一个人的位置、性格、品德及至流露内心情绪，因而善听弦外之音是"察言"的重点所在。通过察言观色，我们能在一定程度上了解到说话对象的心里，然后再采取有效的说话技巧，自然容易把话说到对方心里去，让他人听着舒心，彼此间才能成功交流！

5. 太绝对的话往往不靠谱

人生在世，就像忙碌的蜘蛛，每个人都拼命地张罗着自己的关系网，因为朋友就是财富。但是这需要用心经营、辛勤劳作，会说话的人能累积人脉资源，把陌生人变成朋友，而不会说话的人人缘差，容易得罪朋友，最后鲜有含金量高的关系网。说话是一门艺术，关键是遵循中庸之道的原则，不说太绝对的话，不说过头的话。

人与人之间建立信任关系，直至成为朋友，都离不开交流与沟通，说话是一门技巧，更是一门艺术，一句恰到好处的话，可以迅速赢得他人信任，获得心理认同；一句言不得体的话，可以毁掉来之不易的关系，破坏你在他人心中的形象。因此，说话得体、圆融，你才能在社交和办事中如鱼得水，左右逢源，无往不利，成就一番事业。因此，成为正能量的人，办靠谱的事，必须说靠谱的话。

说话靠谱，其实就是遵循一般的说话套路，尊重大众的接受心理，然后去遣词造句、选择语气和语态，目的是让人接受你的观点，进而获得共鸣。显然，说话太绝对，不给他人留后路，是一种极端的沟通方式，万万不可运用到实践中去。太绝对的话是不靠谱的，它往往是在气愤、夸大基础上做出的回应，其真实性令人怀疑，所以给人不可靠、不值得听信之感。

深入分析可以发现，对人和事的评价，如果说话太绝对往往违背事物的本质。在这里，太过绝对等同于偏执，背离了人情世故的基本原则，因此让人很难接受。任何时候，我们都必须就事论事，太过绝对的说法本身就站不住脚，也不会有人支持或相信这样的观点。对一个人来说，往往在社会中担当不同的职责和角色，因此凡事都需要敢于担当，懂得维系大局。从这个角度来说，一个人说话办事的时候必须坚持平和、中庸的原则，不偏激、不造作，并且当他人有这种倾向时还要主动去干预，维系一种理性的局面，确保各方和睦共处。

先不说强加给别人一些很偏执的想法很可笑，就是答应朋友的请求这样的小事中，说话太绝对也没有任何好处。在别人需要的时候伸出援手，雪中送炭的温情会让人倍受感动，这就是说话具有亲和力的价值所在。但是如果说话太绝对、太偏激，往往如同预料中的一股力量突然被抽回，那样的失落很痛，对感情也很致命！

李东是一个不太懂得拒绝别人请求的人，很多时候都会随口答应，很多事答应下来就会拼命去做。但这样的做法的确有些冒险，因为它会随时可能改变李东的计划，需要极力兑现自己的诺言，去满足别人的需求。根源在于，李东答应别人的时候太绝对，丝毫不给自己留有回旋的余地，于是将自己推向了绝境。

于是，苦恼也就接踵而至。有一天，李东因为忙于自己的事情而忘记了对一个朋友的承诺，结果这种"食言"将他陷入两难境地，而他也在内心深处认为自己犯了不可原谅的错。一次次地尽全力满足别人的要求就是问题所在，而根源在于李东说话办事太绝对，让自己失去了弹性和主动性。

大学毕业后，接下来的一段时间里就是不断参加同学的婚礼。尤其是春节期间，接连有好几个同学赶在那几天结婚，于是李东满口答应了众人的邀请，而不管自己是否能够挤出时间准时参加。李东离市区比较近，很多同学的婚礼也都在市里举行。有一次情况比较特殊，那天有三场婚礼需要参加，由于是同学关系，家里人没法替李东去。更糟糕的是，有一场婚礼在四个小时车程之外的县城举办。每一场婚礼的吃饭时间都差不多，李东要赶完两场，时间上很紧张。其实，他完全可以说明实际情况，但是当朋友亲自打来电话时，他觉得把别人的喜事当成一种负担很不礼貌，也很不应该，于是果断答应亲自参加，到现场给予最真诚的祝福。

但是，问题还是出现了，李东没有分身术，最终没能赶上县城的婚礼。好朋友一生结一次婚，李东绝对的承诺和最后没到场搞得新郎很不高兴。问题是，李东的愧疚和中途的奔波，都没有被看到。后来，这位同学几乎一年的时间没接李东的电话，认为他太不靠谱了。

面对别人的邀约、请求，我们一定要谨慎作答。假如你给予了对方肯定的答复，别人会坚定地认为你能做到，如果你做不到，自然会被认为是不靠谱的人。以后遇到同类事情，对你的诺言和行为都会打上一个大大的问号。

除了对人许诺、回复的时候不能讲话太绝对，在日常沟通中也要坚持不说过头的话。比如，当你义愤填膺的时候，无论多么生气都不能揭对方的伤疤，不能做出超过对方能力的承诺，否则你会将自己带入万劫不复的境地，丧失应有的议价能力。

在很多时候，绝对的话语会给人一种很缥渺、不可靠的感觉。事情要尽量做得完美，话语得说得精准，是什么就怎么说才是最重要。说话太绝对，本身就是一种夸张和不切实际的表现。比如，对求职者来说，面试的时候沉着冷静会给人展现自信，这是必要的。但是对很多问题给予太绝对的答复，则会令人生厌。许多时候，你觉得能把各类事情处理好，往往给人自负的印象，或者给人一种随声附和的夸张。难道你真的能做到吗？你不是在欺骗我吗？显然，你的承诺超过了大众的认知水平，再完美的承诺都会变得苍白无力，给人留下不靠谱的印象。

假如你是一位电器销售员，在向消费者介绍产品时不断吹捧自己的产品质量有多好、用着有多安全，目的是提升销量。这种太过绝对的话容易鼓舞人心，促成交易。但是，过度承诺是一种欺骗的宣传策略，一旦对方较真，往往会让你寸步难行，陷入困境。

此外，在许多重要时刻说话太绝对，还会伤人，令人心寒。须知，人际关系的建立与培养需要长期投资，才能获得收益。说话太绝对，虽能逞一时之快，但是后患无穷。当不靠谱的招牌挂在你脖子上的时候，想改变众人头脑中的印象就异常艰辛了。所以，从一开始就注重言辞的润色，不说绝对的话，自然容易赢得好人缘，给自己留下回旋的余地。日后，你才能根据形势变化，有效掌控个人命运，避免陷入死胡同。

做人正能量

自古至今，语言充满着独特的魅力和无穷的力量，它作为人际交流必不可少的工具在人类历史的长河中一直发挥着不可替代的作用。但讲话是要讲究艺术的，什么时候多说，什么时候少说，什么时候该说什么，什么样的话永远不要说，总之，它是一门很深的学问。

为了避免跟朋友发生不必要的摩擦，在朋友有求于你时，你得先三思再给予答复，即使自己有再确定的答案，说出口的时候也不能太绝对。绝对的语气会给人很多的遐想和希望，没能兑现则会让人万分的失望。世上没有绝对的事，无论是面对自己还是别人都别把话说得太绝对，因为正常人都知道万物中没有谁是十全十美的。所以，给自己一点空间，留有余地不要把话说得太绝对！

6. 越无知的人越容易高谈阔论

语言作为一种交际工具，不同的人对它具有不同的驾驭能力。有内涵的人能成熟地运用语言解决各方面的问题，而无知的人则想通过高谈阔论引起别人的注意，从而找到自己的存在感。高谈阔论具有两重含义：一是指志趣高雅、范围广泛的谈论，为褒义；二是指大发议论或不着边际地谈论，含贬义。毋庸置疑，我们这里所讲的高谈阔论为后者。

每个人的这张嘴就相当于他的"第二张脸"。通常，人们会通过谈话评价一个人，评判对方的修养、水平以及是否可靠。一个人长了一张靠谱的脸，这是父母送给他的一份好礼物，但是能否让人信服，嘴巴则起了决定性作用。一个人对于另一个人的青睐实质是一种内心的崇拜，成熟的人长了一张成熟的嘴，他知道在怎样的场合说怎样的话，而不是为显示自己的能力有多强而夸夸其谈，这样的人表现出一种成熟的魅力，吸引着无数观众的眼球。

对于说话不着边际的人，我们往往是厌烦的，因为他们说出来的话既没有营养价值，也缺少情趣。比如，女人对一些男性喜欢的话题，比如说国际政治局势、股票走势等，丝毫不感兴趣，这时如果你过度发表这方面的言论势必会引起女性的不满。李静已经31岁了，在一次相亲的时候遇到了一个"极品男"。对方直言自己40多岁，但只喜欢20岁的女人，属于

"外貌协会"的成员，对30岁的女人不感兴趣。随后，他大谈特谈自己的发家创业史。结果，令李静义愤填膺。上面这位男人即便是有着雄厚的物质基础，也会因为这张不靠谱的嘴而显得一文不值，这一番不着边际的话一出，还真让他配得上"极品"二字。

有些人会对遇事喜欢抒发己见的人产生好感，觉得他们是有主见、有个性、有思想的人，但是当他谈论的对象涉及自己，往往会感觉不舒服。已婚的刘女士在刚刚遇到现在的丈夫时，就对这个所见一切都来一番阔论和指点，并且语出惊人、妙语连珠的男人心生爱慕。但是结婚后她渐渐发现，丈夫会为自己的口红太艳、衣服太灰，甚至做菜稍微咸了一点而评头论足一通，并且出语刻薄，她突然觉得这和自己当初认识的那个男人完全不同了，曾经的钦佩也被这些尖酸的语言消磨殆尽。

因此，一个人老老实实、本本分分地待人接物，这样至少不会令人生厌；若他真的技高一筹，却仍能够谦虚低调，则更令人感觉靠谱，使人敬佩。很多人为了"面子"常常在他人面前夸夸其谈，自认为表现得很出众，可事实上在别人眼里就是个小丑，不过是想通过语言掩饰自己的无知与自卑罢了。一个人越没有什么就越想表现什么，他的高谈阔论恰恰反映出他内心的悲哀。

一个真正靠谱的人骨子里有一种长期积累的修养和智慧，他们的言行表现出的是成熟。那么，什么是一个成熟的人呢？

首先，成熟的人重视承诺。信用是一种现代社会无法或缺的个人无形资产。诚信的约束不仅来自外界，更来自我们的自律心态和自身的道德力量。成熟的人对他的每个承诺都很重视，在许下承诺之时肯定经过深思熟虑。有远见的人会以信用积累个人无形的资产，这样的人本身就具备这种道德修养，能够自律。与这种人交往，会让人信任、放心，因为他们本身不是那种乱讲空话、迟迟拿不出行动的人，所以值得依靠、托付。

其次，成熟的人不会夸夸其谈。举个例子：小赵每次和朋友出去吃饭，喝点酒就把自己的那点经历拿到桌面上大讲，而他的朋友最多也是一笑而过。事实上，他引以为傲的那些"奋斗史"，朋友根本就没有放在心上。为什么会这样呢？不是朋友不懂得尊重人，而是小赵的行为十分幼稚，这是不成熟的表现。成熟的人从不高谈阔论，他们会保持适当的沉默，说话声音清晰但不会过于大声，做任何事都让人感觉舒服。

最重要的，成熟的人有学识而含蓄内敛。这是一个根本性的问题，一个人有没有学识从说话上就可以直接体现出来。成熟靠谱的人在读书时，接受新鲜事物，不断丰富自己的内涵，但是，他们不张扬，会将自己的才华在需要的时刻表现出来，他们往往一句话就能点破问题的关键，不会像那些无知的人一样为了满足虚荣而刻意卖弄。他们像醇厚的酒，越品越有味道，而无知的人总是想通过高谈阔论体现自己的价值，结果却是事与愿违。

做人正能量

一个人的外表如果不足以让人倾心，那么就要注意在说话办事方面多用心，赢得他人的信赖和支持。任何人都不是世界的主宰，不要总以为别人在关注你，更不用为了引起别人的关注而放纵了你的那张嘴。你可以没有充足的物质条件、没有帅气的外表，但你必须要有足够的修养，做一个有质量有正能量的人。

当你的才华还不足以撑起你的野心时，你应该选择读书，一个人的成熟是从自我沉淀开始的。行事低调，不张扬，在需要的时候发挥自己的价值，没有人会说你不靠谱！

7. 别委屈自己，拒绝不靠谱的请求

"哥，我觉得我不适合这个工作，报表还是你做吧，谢谢啦！"

"小李，上次借我的钱都花完了，再借我点呗！"

"喔，这酒不错，兄弟我拿走啦！"

因为是同事，所以就要因为你不想工作而替你做吗？因为两人关系好，所以自己的钱就要像流水一样供你花吗？因为是兄弟，东西就可以不分你我吗？一个人的人际关系影响着家庭、事业，然而在维系各种关系的时候要量力而行。自己辛辛苦苦奋斗来的成果还没来得及享用，就要因为别人一个请求而拱手相赠吗？做一个正能量的人，你是很坚强的，但是别委屈了自己，要学会对那些不靠谱的请求说"不"。

长久以来，中国是一个人情社会，每个人都是一根丝线，通过与周围的人建立某种社会关系而共存，由此编织出一张巨大的关系网。身为其中的一员，就必然要建立自己的人脉圈，这时候问题就出现了。当别人提出一个请求时，你是遵循他的请求办事，还是选择拒绝？

在处理这些问题时，首先要保持理性，分析一下对方的请求是否合情合理，如果在自己的能力范围之内，举手之劳，帮助他人自然是最佳选择。但是，如果对方所提出的要求不合理，甚至是过分的，一个人也不必委屈自己，要学会拒绝无理的请求。著名作家毕淑敏写过一篇文章《行使

拒绝权》，文中说"拒绝是一种权利，就像生存是一种权利"。毕淑敏将拒绝权上升到了生存的角度，这是一种对拒绝的高度认知。许多人常常答应他人的非分请求，去做一些自己不愿做的事，而且有些理由并没有说服力，但是很可能出于面子就硬着头皮做了，应了那句俗话"死要面子活受罪"。

人们常常以为拒绝是一种迫不得已的防备，殊不知它更是一种主动的选择。所以他人对你有所求的时候，一定要理性分析，从容地做出选择。一个正能量的人应该果断、有主见，别为了一时的颜面损害自己的利益。有人曾说过："拒绝对方就是自己价值的体现！"一个正能量的人的价值同样也凸显在拒绝别人的时候，因为这是一个相互的关系，你的拒绝使对方突然间发现没有你很多事做不成，开始真正重视你，而不是觉得你可有可无、容易欺负。

其实，有些时候面对那些不合理的请求，一个人不是不想拒绝而是考虑的比较多，怕伤及二者甚至多者的关系。其实，如果掌握了拒绝别人的一些技巧，反而能说得对方心服口服，也顺了自己的心意，避免"赔了夫人又折兵"。语言是一种工具，而这个工具在使用时也需要不少技巧，那我们该如何巧妙地拒绝那些无理的请求呢？

第一，不要态度强硬地拒绝，学会委婉地从侧面暗示。态度过于强硬就会发生之前所担心的破坏人际关系的现象，可以以玩笑的方式从侧面告知对方自己的态度。以发生在女生宿舍的一个事件为例，小孟一周内再次向小王借钱，小王拿着一个装了几块钱的钱包跟小孟开玩笑说："宝贝啊，我怎么减肥都减不掉，这个钱包倒瘦了，给我留个买根黄瓜的钱吧！"小王幽默风趣地拒绝了小孟的再次借钱，避免了与舍友发生争执。

第二，将自己的实际情况告诉对方，让对方来拒绝你。不要急着拒绝对方，先说出自己最近要做的事，自己不得已的苦衷，动之以情，晓之以理，最后说"等我完成我自己的工作之后再做吧"。如果对方的请求比较急的话，自己就放弃了。当然，这也是基于自己确实有事，并不是故意撒谎。如果对方的请求确实过分，一个小小的借口能帮你规避损害，又不得罪于人。

第三，请求转移法，通过另一个人的口拒绝对方。这种方法需要至少关联到一个与自己同一战线上的人，自己不好意思开口，和另一个人商量后由另一人拒绝。我们可以说"这件事只是我一个人说了也不算，还是问问小张的意思比较好"，之后再由小张出面拒绝。当然，这需要你提前和另一个人商讨，达成一致意见，避免对方尴尬，影响两人的关系。

总之，一个人的社会地位很重要，所以一个人的奋斗历程常常伴随着很大的精神压力，为了家庭、事业在外受委屈也是常事。学会说"不"，这是一种能力的体现，也是一个人真正会运用语言技巧的体现。须知，不靠谱的请求就应该被拒绝，它的产生就是个错误。

做人正能量

古罗马哲学家塞内加说过："谁战战兢兢地提出请求，谁就一定遭到拒绝。"英国哲学家阿瑟·赫尔普斯也曾说："说出拒绝的理由时，别忘了为未来的索要留下某种余地。"两位哲学家告诉我们，不靠谱的请求就应该被拒绝，因为提出请求的人本身就为请求不合理而感到恐慌。而一个人在拒绝时，也要掌握合理的方式，既不能委屈自己，又不能伤害别人。

一个人的靠谱不是让更多依赖自己，而是让他们感觉到依赖这个人是最正确的选择。懂得合理拒绝他人，是一种生存的本能，也是人际交往之道。

第八章
内心强大：锻造自己，懂得对自己"狠"一点

> 成为正能量的人，必须着眼于行动，从而构建应有的价值。许多缺乏正能量的人，其实是缺乏行动的能力，不能保持行动的持久性，所以一事无成。对自己狠一点，严格要求，勇于行动，自然可以激发无限潜能。

1. 别等了，没有绝对的万无一失

　　人生从来都不是一帆风顺的，走向成功的同时也存在着风险和挑战。每个人都渴望成功，关键在于是否能面对成功路上的风险和挑战。人生路坎坷崎岖，成功的人永远不会站在原地等待机遇，因为他知道这个世界上没有绝对的万无一失，所有的事情都有风险，只有敢于尝试与挑战，付出别人不能及的努力，才能得到别人不能及的收获。

　　机遇与挑战都是并存的，想要等待机会的降临，寻一条万全之路是不可能的。机会都是靠自己去把握的，不畏风险，勇于向前，才能受到成功女神的青睐。

　　每个人身边都充满了机遇和挑战，想要成功就应当与众不同、出类拔萃。每个人都渴望成功，有的人能事业有成，有的人却碌碌无为。这是因为，有的人就敢于抓住机会、迎接挑战，一路披荆斩棘，最终到达成功的彼岸；有的人却朝三暮四、杞人忧天，遇到一点挫折就畏缩不前，最后只能自甘平庸。人生是由自己来主宰的，害怕担风险，企图走平坦的大路，那么成功就注定与你无缘。

　　所谓"成事在人，谋事在天"，如果只是一味地埋怨没有好的机会降临在自己头上，就永远也没有出头之日。与其空等，不如主动改变外界对自己的不利条件，改变现实才能改变自己的前程。

在现实生活和工作中，很多人无法成功是因为他们没有勇气去面对困难，不相信自己可以做到，除非等到万无一失的机会，否则绝不会出手。但是这世上，没有绝对的万无一失，每个人在面对困难时要学会去尝试，这世上没有不可能，也没有做不到的事，关键在于是否愿意去尝试。

林勇强在波士顿大学读书的时候，是个品学兼优的好学生，金融专业，成绩非常突出。他只花了两年时间就获得了经济学学士学位，20岁的时候又获得经济学硕士学位。此后，林勇强去了一家规模、影响力都不太大的股票经纪行工作，在那里担任一名普通的初级证券分析员，周薪仅仅只有50美元。对他这种高才生来说，这种选择简直是糟糕透了。但是他接受了，因为金融市场和商品市场不同，前者是以资金代替商品进行交易，流通和使用的是各种信用凭证。在金融市场中最具有挑战性，正好能激发自己的潜能。

林勇强在心里规划了一个美丽的蓝图，为了让这个蓝图变成现实用尽全力。他不想迎接世人嘲笑的目光，他要向所有人证明自己是对的。为此，林勇强冷静下来，仔细分析投资趋势，用自己强大的专业知识对市场行情进行判断，再集合前人的各种经验，对此采取合理的应对措施。经过林勇强的一番刻苦努力和钻研，公司基金的年收益与上年相比整整增长了50%，这样的效益和增速在公司发展中是史无前例的，在整个金融界也是一个爆炸性的新闻。而林勇强也在这次"奇迹"中获得了巨大的收益，他不仅凭借自己股票操控的技能获得了公司20%的股份，还向所有人证明了自己的实力和能力，他勇敢地接受了这项别人不敢接受的挑战，并且获得了胜利。

然而事情并没有这样简单地划上了句号。1965年，公司董事长年满退休，因此董事长一职的接替成了公司里热议的话题。按照常理，林勇强在公司有着长达七年的经营实践和工作贡献，让他接替公司董事长的位置似乎无可厚非，公司上下也对林勇强的为人和能力十分肯定。但是就在大家要对"林董事长"鼓掌欢迎的时候，戏剧性的一幕上演了，退休的前董事长对华人存有很强的偏见，他将林勇强的才华和实力置于不顾，仅凭他是华人这一点就否决了。在他的眼里"种族歧视"是一个很重要的问题，作为一个华人，黄皮肤的林勇强完全没有资格担当公司董事长一职。

这样的态度让林勇强十分愤怒，这是对他人格上的侮辱与蔑视。为了争得一口气，林勇强再一次选择了向传统发出挑战，他主动放弃了公司的高管职位，决定离开公司，重新开始。在林勇强走出公司大门的那一刻，他就对自己说："我一定会创出属于自己的天地，让所有的美国人都为我竖起大拇指，我要在华尔街建立一座属于华人自己的大厦，一楼开办银行，二楼开办财务公司，三楼做股票经纪公司，四楼做保险公司……我要创建一个金融界的超级市场，我要向所有忽视华人的美国人发起挑战，让他们对华人刮目相看！"

果然，林勇强实现了自己的诺言。1969年，林勇强成为曼哈顿互惠基金会的董事长，那一年，他只有40岁。他向所有的美国人证明了一个事实，那就是华人也可以在华尔街功成名就，华人完全不比白人差！公司的一切都已经进入正轨，名声和业绩在整个华尔街取得了数一数二的成就，然而林勇强并没有就此满足，他谋划着把公司做得更加强大。他运筹帷幄，审时度势，利用公司良好的名声和业绩来汇集自己的资本，增强自己的实力，扩大自己的影响。时机一到，林勇强果断地向全社会发行曼哈顿互惠基金股票，股票一上市，立即引起巨大的轰动，很快就被抢购一空，这次股票的上市又一次创造了奇迹，打破了华尔街股票发行的记录！

非常有意思的是，林勇强股票发行成功后，那位曾经对他有过侮辱和偏见的董事长再次和他不期而遇，这次，董事长非常惭愧地低下了头，为自己曾经的做法感到羞愧。然而面对董事长的愧疚，林勇强不仅没有揪住不放，反而表现出了很大的气量。他衷心地对董事长表示自己的感谢，因为如果没有他当初把自己逼上"绝境"，他也不会破釜沉舟，下定决心闯荡一番；没有董事长的压迫，他也许不会获得今天的成就，成为闻名八方的"华尔街金融王子"。

拥有高学历的林勇强当年屈居在小小的股票经纪行时，旁人都感慨他的命运不好，但是他却把这些当成机遇，接受挑战。对他而言，赌的就是一口气，假若他接受命运，只做一个小小的初级证券分析员，等待着老板的赏识，又假若他在不肯任用华人担任董事长一事上妥协，又怎么会有今天的成就。凭借着那一口气，他赌赢了。

没有什么是万无一失的，一味地停留在原地等待，永远不会收获胜利，既然万事都有风险，那就不如放手一搏。从现在开始，不再等待，勇于对未知的事情发出挑战，相信你会获得意外的成功。

做人正能量

一个真正优秀的人不会被一些小困难、小挫折打倒，他往往有着自己的目标。纵然前路曲折艰险，亦会不断前行，愈挫愈勇。一个真正优秀的人不会自甘平庸，坐等机会的到来，而是自己去创造机会、抓住机会，挑战自己。一个真正优秀的人不会埋怨自己的命运，认清现实、改变现实，创造属于自己的康庄大道。

2. 保持独立思考，才能更加接近真相

做人，尤其是做一个正能量的人，你是否拥有独立思考的能力，在很大程度上决定了你是否能够拥有一个美好的前程。所谓独立思考，就是拥有自己的思维模式，在面对某些事件时，根据自己的思维模式应对，而不被他人的言论所左右。这样，才不会被各种流言所蒙蔽，才能更加接近于事实的真相。

当然，保持独立思考并不意味着完全摒弃他人的想法，有时候借鉴别人的想法也不失为一个好的途径。而且，借鉴他人的想法也可以看出你是否真正具有独立思考的能力，是不假思索、全盘复制还是取其精华、去其糟粕。

我们不得不承认一个事实，那些拥有独立思考能力的人是让人羡慕的。人都是有惰性的，动脑筋思考是件痛苦的事情，所以当大多数人只想等着别人来解决问题，自己不劳而获时，那些善于独立思考的人最终获得了成功。这也就是为什么这个世界上少数人领导多数人，少数人能拥有多数的财富。这个世界是公平的，天下没有免费的午餐，你付出得多得到的自然也多。

善于独立思考的人才拥有独立的生活。你会发现那些被人们称赞为很聪明的人都是善于思考的、很有主见的人。有时我们也会发现这些人身上

某种独特的魅力，那就是这些人解决困难的能力也会特别强，因为在别人遇到困难手足无措时，他很可能发挥了自己独立思考的能力，找出了自己独特的解决方式。

当然，并不是说每一次的独立思考都会是正确的。如果你采用自己的思维方式，结果却证明这件事是你的想法错了，那也没有关系，至少你可以总结这次经验教训，以免下次此类事情的发生。重要的不是你思考的正确与否，而在于你是否独立思考了，思考得愈多，经验自然也就多了，久而久之错误就少了，就愈接近真相。

对任何一个人来说，学会独立思考都是最重要的。曾经有人问巴菲特："如果出现问题你会去问谁？"巴菲特回答说："成败一定源于思想层面的深刻领悟。所以当真的出现问题时，只有对着镜子说话。"这句话表明，真正的成功者是有着非凡的独立思考能力的人，必须通过自己的思考得出解决问题的办法。

巴菲特是这样说的，也是这样做的。大学毕业之后，他听从家人的意见先到父亲的公司工作。在公司里，他主要的职责就是向客户推荐增值的股票，然后从股票的利润中抽取提成，股票获利越多，巴菲特赢得的佣金就越多。经过一番熟悉之后，巴菲特对这项工作有了深刻的研究和分析，终于对此项工作有了独具一格的判断能力和应对能力。他经过严密的缜断选中了政府公务员保险公司的一只股票，并向公司提出了自己购买的意见，没想到自己话音刚落，就遭到了公司咨询专家们的反对。前辈们告诉他，这只股票的价值并没有那么高，他对这只股票的潜力有些过于乐观。

巴菲特再次对这只股票的利益进行了严密的分析和计算，最后得出的结论是，只要这只股票的毛利率能达到五倍以上，公司就能在这只股票上获取利益。虽然没有人支持自己的观点，但巴菲特依旧对自己信心十足。公司不投资，他就用自己的钱投资。他的姑姑看他这么坚定，也开始支持他，姑姑的加入为巴菲特打开了局面，很多客户纷纷跟随投资，为巴菲特增添了不少信心。果不其然，两年以后，这只股票攀升了两倍之多，巴菲特从中获取了5000多美金的利益。

1954年，巴菲特终于进入了导师格雷厄姆和罗姆·纽曼联合创办的公司——格雷厄姆—纽曼公司，在这里工作是他多年的梦想。因此，他工作十分卖力，工作第一年就将自己独立思考分析的能力展现得淋漓尽致，对投资市场的敏锐眼光充分体现了他的投资才华。

一次，巴菲特看准了家庭保险公司的一只股票，在当时，这只股票是非常不起眼的，但是巴菲特凭借着自己对股票市场敏锐的嗅觉，断定这只股票将来会有很大的攀升。即使如此，他还是要对这只股票进行严谨和准确的分析，但是这只股票太名不见经传，关于它的参考资料少之又少。为此，巴菲特专门跑到这家公司内部进行"情报了解"。经过一段时间的了解和分析，巴菲特最后断定这只股票以后的价格肯定会有大幅度的提升。

于是，巴菲特向公司提出，以每股15美元的价格购买这家公司的股票。没想到历史性的一幕再次重演，巴菲特一提出这个意见，上司霍华德就连连摇头。霍华德的意见是，购买这些小公司的股票是一件风险非常大的事情，小公司的稳定性太小而未知性太大，很容易造成公司亏损，还是购买一些大公司的股票比较靠谱。

面对这种局面，巴菲特还是保持自己一贯的作风，坚持自己独立的观点。虽然公司没有通过他的提案，但他可以自己掏腰包购买这只股票，并且说服了一些同事一起购买了这只股票。结果不到一年的时间，这支"默默无闻"的股票的价值就翻了20多倍，价格从15美元一直飙升到370美元。这令当初反对巴菲特的那些上司和同事们十分震惊。

巴菲特经常说这样一句话，"我自己做什么我自己清楚。"因此他一直保持最高的决策权，从不被投资者的言论左右，也不愿意让投资者参与到决策中干扰自己的思维，一直为自己保留着独立的思考空间。巴菲特始终坚信自己的分析能力，在他的字典里，没有"人云亦云"这四个字。

巴菲特的老师也曾经有过这样的告诫，说如果想要在华尔街获得成功，一定要做到正确思考。然而，许多人总是忽略这一点，甚至懒得去思考，总是人云亦云。遇事不经过自己的思考，看别人如何做，自己就跟着如何做，很难有所建树。但愿每个人能学会独立思考，因为只有自己最了解自己，所有只有经过自己的思考之后得出的结果才是最有价值的。

做人正能量

人生，不能没有独立思考。善于独立思考必定受益无穷，古往今来，凡成大事者都养成了独立思考的好习惯。可以说，是独立思考支撑起了他们的人生，并因独立思考拓宽了自己的人生。一个人若想成功，一定要善于独立思考，从中找到可靠的前进路线，做自己命运的掌舵人。

3. 果断并独立思考的人更能独当一面

看看世界上那些成功人士，他们大多具备两个特点，一是果断，二是独立。具有独到的思想和观点，并且坚持自己的想法，在恰当的时候当机立断做出决定，是他们的最大特色。然而，果断并不是独裁，独立也不等于孤僻。那些雷厉风行的成功人士看起来"独裁"和"孤僻"，确实是理性决策之后的果敢。

生活中很多事情都需要当事人独立思考，而后进行决断。显然，一个人失去这项能力就会变成人云亦云的庸才。周末了，朋友们约你出去玩，他们问你想去哪里，你说无所谓，哪里都可以，或者说，都可以，哪里游玩的人多咱们就去哪里。显然，这就没有表现出果断和独立来。朋友征求你的意见，你给出的却是一个可有可无的答案，这会让人多么扫兴。

然而，果断并不是一时冲动。朋友问你要去哪里玩时，你如果不假思索地就说出一个自己也不了解的地方，这也是不可取的，因为那并不是果断，而是冲动。真正的果断是能在短时间内做出严密而完整的思考，这个思考是多角度多方面的，能够将各种因素考虑进去，这样的思考之后得出的答案虽然不能说是万无一失，却是在短时间之内做出的最合理和正确的判断。

在《子鱼论战》中有这样一个小故事，说是宋襄公与楚军在泓水作战，宋军早早到了泓水摆好了阵势，楚军的人马还没有完全渡过泓水。这时，担任司马的子鱼对宋襄公说："我们的军队人数远远少于对方，要想打赢这场战争必须以巧取胜，现在他们还没有全部渡过泓水，趁着这个时候攻打他们，是最好的时机啊！"但是宋襄公却一言否之："不行！"

过了一会，楚国的军队已经全部渡过泓水，但是他们还没有完全摆好阵势。这时，子鱼再一次向宋襄公提出了进攻的意见，宋襄公说："不行！有道德的人不会趁着对方没有摆好阵势去强行攻击，这样做不是君子的行为。"

子鱼对宋襄公说："您还不清楚作战的道理，战争讲究天时地利人和，我们的敌人因为地形原因没有摆好阵势，那是老天在帮忙。我们趁机发动进攻是顺承天意，既有天时又有地利，怎么能不赢得胜利呢？"

宋襄公还是没有听取子鱼的意见，迟迟不肯发动进攻。最后，楚军终于准备就绪，双方拉开大战，结果宋军因为人数太少一败涂地，不仅宋襄公的护卫官被敌人杀死，连宋襄公自己也受了伤。

正是因为宋襄公犹豫不决，结果宋国错失良机，大败而归。由此可见，关键时刻缺乏决断能力的人无法完成肩负的使命，他们缺乏当机立断的狠劲儿，很难有大的作为。在一个团队中，领导者缺乏果断行事的精神，甚至会招致巨大灾难，这种教训是异常深刻的。

其实，人们对果断和独立有着认识的误区，有的人说，果断的人太独裁，独立的人太孤僻，遇到事情不知道与人商量，比较自我。在我看来，果断不代表鲁莽、冲动，独立也不代表不会考虑他人的意见。相反，真正独立果断的人，必定经过了深思熟虑，对事情做出了正确的评估，才敢于坚持己见。

事实上，果断的人是非常容易相处的，他们与人交流的方式非常直接。因为经过了缜密的思考，他们与人交流的方式也会非常恰当，让人感到真诚。果断的人因为了解自己，所以更能体谅他人。他们不会以侵犯或否定别人的权利的方式来坚持自己的权利，因为他们能"推己及人"，知道自己有保持观点的权利，别人也同样具有这样的权利。

果断型的人也能很好地照顾到别人的感受，会用恰当的方式表达自己的要求和不满，这种人具有一种"给与拿"的意识，即使在发生冲突时也会愿意跟别人合作；果断型的人善于对各种形式进行评估，然后寻找一种最恰当的方式做出最后的决定，他们可以为了自己的需要在某种情况下选择顺从和屈服，也会为了自己的需要在众人反对的情况下坚持自己的意见；果断型的人总是能够选择最得体的行为方式，他们善于自律，能够很好地控制自己的行为、尊重自己的行为，因此他们也总能赢得别人的尊重。

果断与慎重，有交集也有差异。果断的人也会经过思考慎重地做出决定，但是他们思考的过程会非常短暂。慎重的人则不同，他们思考的过程往往十分漫长，他们会左思右想地考虑各种因素，最后做出一个相对正确的决定。两者虽然都能做出正确的判断，但在这个竞争激烈的现代社会中，时间就是金钱。传统的智慧告诉我们做事要三思而后行。"三思"是必要的，但是要注意提高"三思"的效率，在最短的时间内征求多方意见，提高决策质量，这是给新时代领导人的忠告。

因为时代不同了，而每一时期的决策都有"保质期"。可能在一定时间内做出某些决策是正确的，时间一过，决策就失效了。即使在"保质期"之内，时间花到一定程度，再增加考虑的时间，对决策的质量也是没有好处的。因此，一定要培养自己敏捷的思维，学会在必要的时候多谋善断。

彼得·林奇是一位非常果断的投资大师。他知道，在时间就是金钱的投资界，晚一分钟就可能造成几百万甚至几千万的损失。因此他早早练就了一身果断抉择与独立思考的本领，一旦发现新的市场契机，他便会毫不犹豫的采取行动，绝不会思前想后的犹豫很久，这种"流动性"的操作成为彼得在投资中立于不败之地的一个杀手锏。不仅如此，他还会购买少量的"风险股票"，这些股票可能是自己感兴趣的，也可能是当前很低调预计会在未来有很大发展的。他购买这些股票并以此警醒自己持续对此保持适当的关注，以便在最恰当的时机做出正确的决策。

无独有偶，在法国大革命的过程中，也出现了一位十分果断的人物，那就是纳尔逊少将。在尼罗河河口战役中，纳尔逊少将率领英国舰队与法国舰队展开了一场激烈的战斗。战争进行到一半，纳尔逊少将发现法国舰队停靠的海湾有很大的可乘之机，纳尔逊当机立断，立刻做出决定要主动出击，赶在对方援军到来之前就把他们的船全都抛锚。这样，英国舰队不仅摧毁了法国舰队，还将拿破仑的军队困在了埃及，获得了很大的胜利。

从林奇和纳尔逊少将的故事中我们可以看出，具备"果断"和"独立"的能力是一件非常重要的事情。然而这种能力并不是与生俱来的，取决于丰富的社会实践和经验。许多成功人士之所以能够做出正确的判断，是在多年的市场和战场的摸爬滚打中积累下了很多经验，这种经验已经变成了他们思想的一部分。在遇到问题的时候，他们自然而然地就根据这种经验做出了正确的判断。不仅如此，他们还时刻保持着敏锐的嗅觉，伺机等待最佳时机。

做人正能量

果断并不是独裁，独立也不代表孤僻。社会生活中，各行各业的领导者，基本上都是由善于作决定的人在担当。成功的人士必定是果断、独立的人，在保持决策的严谨性中，果断决策，把握先机。所以，想要做一个成功的人，必须要学会放下犹豫不决，培养果断的决策意识，做果断独立的人，这样才不会被他人的意识所影响，失去了正确看待事物从而做出决定的眼光。

4．伺机而动，冒险是人的天性

冒险是人类的天性，每个人总爱做一些不靠谱的事情，在赌一把的心理驱使下创造某些奇迹。靠谱与不靠谱是相对的，冒险不可靠，但是也会迎来突破，而许多人正是在冒险中变得优秀，学会了勇敢。因为勇于冒险，人们才能变得更加成熟；也因为勇于冒险，人们才能变得更加充满魅力。可以说，冒险对于人类而言是一种无法抵抗的诱惑，哪里有人类，哪里就会有冒险。

人类喜欢冒险的天性可以追溯到人类的起源时期，当人类还是猿猴的时候，他们想吃东西的时候会爬到最高的树上摘取果实，当遇到危险的时候，他们也会往更高的树枝上逃亡。后来，人类有了一点进化，他们生活的场地从树上转移到了树下，虽然环境变了，但祖先们的冒险精神却丝毫没有减退，反而变得更加明显了。这时，他们在面对危险的时候不再选择逃跑，而是直面危险，开始学着与其他动物进行面对面的斗争，开始学着捕食与掠夺。这是人类冒险精神的一大进步。

然而，有冒险就有风险。这个世界上没有万无一失的成功之路，要想获得更多的"猎物"就要承担更大的风险。成功与风险是成正比的，只有克服了种种变幻莫测难以捉摸的要素，才能获得超乎常人的胜利。

1984年，美国航天飞机成功地回收了返回地面的人造卫星。悬挂在劳埃德保险公司大楼内的小铜钟发出了一声喜悦的响声，向全公司职员宣告，本公司因这次飞行保险而获利丰厚。敢于冒最大风险，才能赚最多的钱，这是劳埃德保险公司生意的一贯宗旨，也是富人赚钱的秘诀之一。

做生意有赚也有赔，这已是司空见惯的事，更何况保险业本身就是一种冒险。但劳埃德公司敢于承担风险很大的保险项目，这是其他公司望尘莫及的。旷日持久的两伊战争曾经使海湾水域成了危险地区，很多保险公司都视为畏途而裹足不前，劳埃德公司也因一些油船和货轮的沉没、损坏和被困，赔偿了5.25亿美元。但劳埃德公司在海湾的保险业务并未因此中断，而其他保险公司纷纷退出或者不敢进入，结果保险费大涨，从伊朗哈格岛驶出的每艘价值2000万美金的邮轮，7天有效期的保险费高达4000万美元。劳埃德公司因此获得了大宗的巨额保险收入。

在世界保险市场上，劳埃德公司敢于接受新事物，开拓创新，总是争当最新保险形式的第一。1866年，汽车诞生了，劳埃德公司在1909年率先承接了这一新事物的保险，当时还没"汽车"这个名字，劳埃德公司将此项目命名为"陆地航行的船"。该公司还首创了太空技术领域的保险。目前，该公司承保的项目可谓洋洋大观，从太空卫星、超级油轮，直到脱衣舞女郎的大腿。总之，只要能赚更多的钱，勇于冒险是一种低成本的投资战略。

事实告诉我们：想发家致富又怕担风险，往往就会在关键时刻失去发家的良机。因为风险总是和机遇联系在一起的。从某种意义上说，风险有多大，取得成功的机会也就有多大；冒风险有多少次，把握机会的可能也就有多少次。

在成功人士的心目中，人生本就是一场挑战，是一项本能地想战胜他人的挑战，是一项经过准备、要赢得胜利的挑战。不吃得"苦中苦"，怎能成为"人上人"？西方有一句谚语，"幸运总是喜欢光临勇敢的人"，冒险和出奇相连，出奇却和制胜相伴，所以只有冒险才能制胜。局限于各种"套子"之中，虽然可以保的安全，却永远不会有飞跃。

我们提倡冒险，目的是为了成功。然而，任何成功都不是凭运气的，都不是偶然拾来的"钱包"，而是靠科学态度，靠对客观规律认识、把握和运用的结果。敢于冒险绝不是对"风险"视而不见、听而不闻，而是要正视它、研究它、克服它、战胜它。要避免出现不利的结局，必须把敢闯的勇气和科学求实的精神结合起来，而且每前进一步都不能掉以轻心。既敢冒险，又不铤而走险；既要大胆进击，又不孤注一掷，这样才会战胜险情，稳操胜券。

做人正能量

成功好像一位迷人的情女，人人都想博得她的青睐。然而，并非个个都如愿以偿。因为她十分偏心，只钟爱那敢冒风险、善于竞争的勇士，把"五彩绣球"抛给那独辟蹊径、最终登上巅峰的强者。

人们在做某一件事之前，不可能百分之百地预见未来的全部进程和结局。如果哪个人想等到"十拿九稳"或"十拿十稳"时才肯举步向前，那他就只配充当远远跟在开拓者之后的那个毫无建树的追随者。可见，一个人要想开创事业，需要有足够的勇气，有时甚至需要冒险。这种积极的冒险能给人以担当风险的闯劲和不怕身败名裂的气概，能给人以生生不息的内驱力和战胜艰难险阻的冲击力，使人一旦踏上征途，便义无反顾，直至成功。

5. 做个行动派，梦想再大不行动也实现不了

世上没有谁一天天不学习，就可以拿到名牌大学的通知书；没有谁一天天吃喝玩乐不学无术，就会在别人得到好工作的时候也可以得到一份；也没有谁一天天不好好上班工作，在别人得到提拔或者涨年薪的时候有同样的待遇。总的来说，世上没有谁从不努力，从不行动，还会有好的收获，每个人更需要的是行动。

发电机，只有在飞速旋转，不停运动的时候才可以发电；风扇在电的驱动下不停歇的旋转才可以为人类带来清凉；人类只有在大脑飞速运转的情况下才可以创造一项项的科学技术、一篇篇的文学作品，这就是行动的力量。做任何一件事情，只要开始行动，就算获得了一半的成功。

世界上牵引力最大的火车头停止在铁轨上，为了防止它滑动，工人们将8个驱动轮前面都塞上了一块一英尺见方的小木块。神奇的是，当小木块被塞在每个驱动轮的前面时，这个庞然大物真的一动也不能动了。然而，当工作人员将小木块拿开，这只巨大的火车头开始启动，它的冲击力也是惊人的。当它的时速达到100英里时，能轻而易举地穿破一堵5英尺厚的钢筋混凝土墙。

这是为什么呢？5英尺厚的钢筋混凝土墙都不能阻止这个巨型火车头的行动，却被一个小小的木块困住了，原因很简单，因为当它穿透5英尺

厚的钢筋混凝土墙的时候，它的状态是开动的，而不是静止的。人也是如此，当你行动起来的时候，你的力量就会变得巨大无比，很多令人难以想象的障碍都会被你轻而易举地突破，但是如果你不行动，再小的事情也无法完成。

就像文盲和教授的故事：从前有一位文盲和教授相邻而居，两个人虽然性格不同，社会地位悬殊，知识水平和能力也有天壤之别，但是两个人却有一点是相同的，他们都梦想着自己成为一个富翁。这个教授真是知识渊博，满脑子都是智慧，他每天都跷着二郎腿，与文盲大谈特谈自己的致富经，文盲非常钦佩教授的学识和智慧，总是在一边认真而虔诚的倾听着，回去之后再严格按照教授的致富经去行动。若干年后，这个文盲成了当地有名的百万富翁，而教授还是那个默默无闻喜欢高谈阔论的教授。

由此可见行动是多么的重要，很多人都有着远大的理想，这些理想甚至是从他们的孩提时代就树立起来的，但是他们从来不去实践，几十年过去了，理想还是理想，现实依旧那么不堪一击。有些人树立的理想，为了确保理想的实现还为自己制订了周密的计划，但是年复一年地过去了，他的现实情况还是没有改变，原因是什么？因为他没有付出行动去实践自己的计划和理想。

一打计划比不上一个行动，一个行动胜过一千句口号。目标、计划、思考都是重要的，但如果离开了行动，就会变得毫无意义。目标不会使理想变为现实，计划不会使目标变为现实，思考不会使计划变为现实。现实是劳动的产儿，它最崇尚的就是行动。

有行动才能创造未来，有行动才能获得胜利。目标的作用在于召唤你去赢得成功，行动才能使你真正获得成功；思考的作用在在于能够帮助你获得精神上的成功，行动才能真正使你收获胜利的果实。行动的魅力不只在于能够把目标、计划、思考变成现实，而且能够在奋进的道路上拓展原有的目标，完善已有的计划，深化过去的思考，从而赢得更加辉煌的成功。

由此可见，行动是多么的重要。只说不做，再美好的蓝图也只能是蓝图，永远无法变成现实，再完美的计划也只能是计划，永远无法照进现实。不将梦想付诸实践，你的梦想永远都只能像肥皂泡一样，虽然美丽，却经不起任何现实的碰撞。

其实，行动并没有那么难，只要你敢于踏出第一步，你就会发现行动是有魔力的，行动可以克服你的紧张与畏惧，使你整个人充满自信。一旦开始行动，你就会发现其实这是一件很容易的事情，你跨出了第一步，便有勇气跨出第二步，跨出第三步……如此一来，你每多走一步，便距离成功就更近一步，展现在你面前的道路便更加宽广，你对实现未来目标的决心就会更加坚定。俗话说，所有的恐惧、畏缩、困难和险境都只是纸老虎，只要你勇于付诸实践，再高的山也可以翻越过去，再长的路也可以到达终点。

另外，行动还可以帮助你挖掘自身的潜力。人类是一种神奇的动物，看似平凡的人，一旦释放出自己的潜能，也会取得令人震惊的胜利。然而，很多时候我们是不知道自己的潜能到底有多大的。美国心理学家米德指出，每个人身体内部蕴藏的潜能都像是一座巨大的冰山，而我们平常所能发挥和利用的能量不过是冰山一角。倘若每个人能够多开发自己潜能的1%，那么我们的生活和事业都会出现质的飞跃。然而，要实现这种飞跃，开发这种潜能，方法只有一个，那就付诸行动。只有将梦想付诸孜孜不倦的行动，才能克服重重困难，激发身体内蕴藏的潜能，最后实现自己的理想。

世界第一潜能大师安东尼·罗宾曾经说过，人生伟业不在于能知，而在于能行。你虽然知道提高英语成绩的捷径是朗读和背诵课文，但是你付出行动去验证这个捷径，那么你的英语成绩会提高吗？你虽然知道很多考取清华北大等重点大学的诀窍，但是你却不肯用功读书实践这些诀窍，那么你能考上这些重点大学实现自己的目标么？你虽然知道阻挡自己成功的障碍是懒惰、拖沓、自私等不良习惯和品质，但是你不想尽办法克服这些缺点，又怎么能获得成功呢？由此可见，只有付诸行动才能获得成功，即使你是一个天才，也只有通过自己的行动才能获得持久超人的智慧，伤仲永的故事告诉了我们一切。

既然行动那么重要，我们就要抓紧时间，赶快将自己的理想付诸行动。你想要增强体质，那就从现在开始，每天早起跑步锻炼，不要拖到明天；你想要增长知识，那就从现在开始，翻开手中的书本用心研读，不要拖到明天。所谓"明日复明日，明日何其多"，明天给人希望，也能使人困惑。当你把事情总是推到明天去做的时候，实际上你已经成为行动的矮子了。明天应该是智者再显身手的舞台，而不是愚者得过且过的盾牌。我们应该活在当下，时刻将自己的行动付诸当下，做一个行动派，而不是等待明天的救助，不肯付出行动的人，梦想再渺小也永远不能实现。

做人正能量

爱因斯坦说："每个人都有一定的理想，这种理想决定着他的努力和判断的方向。就在这个意义上，我从来不把安逸和快乐看作生活目的的本身——这种伦理基础，我叫它猪栏的理想。"行动是体现一个人魅力的关键所在，同时也是实现自身梦想的重要因素。

行动派的人，体现出的是洒脱、热忱、主动，对工作、生活倾于行动，把理想贯彻于实际。在行动力的簇拥下，他们会更加勇敢、坚忍、强大，会更好地把握今天、更好地面对明天。这样的人才称得上"最正能量的人"。

6. 当仁不让，机会面前强势出手

生活中的每个人，怎样才能获得成功？仅仅凭借有点本事就可以了吗？答案当然是否定的。俗话说"千里马常有，而伯乐不常有"，再善于跑步的千里马没有伯乐发现他，他也只能被当作普通的马来对待。同样的，再有能力的人，如果没有遇到合适的机会展现自己，那他也只能是默默无闻，被埋没在平庸之中。

由此可见，机会对一个人是多么的重要。每个人自然清楚这一点，因此我们经常在生活中听到一些人的抱怨，他们感叹命运的不公，为什么别人遇到的是阳光明媚的春天，而自己经历的却是冰天雪地的寒冬，他们常常会觉得自己怀才不遇生不逢时。但是事实是这样的吗？当然不是。上帝对待每一个人都是平等的，他会给别人成功的机遇，也同样会给你成功的机遇，但是机遇的出现往往是你觉察不到的，也是稍纵即逝的，一不小心，机遇就会流逝掉，一旦流逝，再找一个这样的机遇就会难上加难。所以善于抓住机遇是一件非常重要的事情，当机遇出现的时候，你要学会当仁不让，强势出手才是成功的关键。

常言道，人生的得失，关键在于机遇的得失。快跑的未必能赢，好战的未必得胜。一味只知道埋头苦干的未必就可以春风得意功成名就。其实在人生的道路上，如果你能够一马当先，抓住机遇，哪怕只比别人早那么一步，你也会最终大获全胜。

1980年4月，包玉刚属下的隆丰国际有限公司宣布，已控制3900万股九龙仓股票，约占总数的30%。英国人慌了，因为他们只掌握20%的九龙仓股票，这就意味着董事长大权要交给包玉刚了，怡和集团将失去九龙仓。

就在包玉刚赴巴黎主持国际油轮会议期间，怡和核心成员召开秘密会议。6月20日，香港各大报章刊出怡和的巨幅广告——怡和系将以两股置地公司的新股与75.6港元面值10厘周息的债券，合计市值100港元的价格，换取一股九龙仓股票，使他们持股比例达到49%，超过包玉刚的30%。

对此，包玉刚立刻联系了汇丰和其他的几家金融机构，在凭借良好信誉获得资金保证之后，登上了返回香港的飞机。随后，他在希尔顿酒店秘密约见财务经理。财务经理认为，怡和提出的所谓100港元收购一股，是用股票和债券作为交换，不能马上见到实惠。而他们出现金，即使报价90港元，也有成功的把握。

但是包玉刚要的是百分百的成功，要的是速战速决，让怡和完全没有反收购的机会！"如果我们出价每股105元，那么对手绝对无法还击！"财务经理给出了这样的结论。包玉刚认为，该出手时就要出手，虽然这样做要多付出三亿港元。但这是根据对手的底牌确定的，可以稳操胜券。于是他毫不犹豫，一锤定音："105元一股，就这样定了！"

当天晚上，包玉刚召开了记者招待会。宣布以个人和家族的名义，开出105港元一股的高价，现金收购九龙仓股票2000万股，把所持股份提高至49%！收购期限只在周一、周二两天，但不买入怡和及置地手上的九龙仓股份。同时，他也在各大报纸上刊登大幅广告，宣布这场气势恢宏的反收购行动的开始。

怡和还没有等到清醒过来的时候，就已收到包玉刚送来的请帖了：邀请二股东怡董事出席包氏召开的第一次新九龙仓股份有限公司的董事会议！包玉刚要在会上宣布九仓主权已归己有，说明自己将在这片宝地上描绘新的蓝图！

　　这是香港有史以来最大的一场收购战，也是一场典型的"闪电战"。从正式开始至收购结束，只用了一个多小时，包玉刚就拿到了49%的九龙仓股权，一跃成为九龙仓的第一位华人主席。

　　由此，我们可以不难看出，机会在成功中确实占较大的比重。而机会又不是随随便便就可以抓住的。在等待机会和捕捉机会的时候，我们需要具备足够的智慧和胆量。

　　1992年，第25届奥运会在西班牙巴塞罗那举行。在奥运会还没有开始之前，该市一家电器商店的老板就向市民宣布了一个震撼人心的消息，他宣称，在本届奥运会上，如果西班牙运动员赢得的金牌总数超过10枚，那么凡是在6月3日到7月24日之内从本商店购买电器的顾客，都可以得到无条件的全额退款。

　　这个消息一经发布就轰动了整个巴塞罗那。人们争先恐后地到他家商店里去购买电器，来来往往的顾客络绎不绝，使得商店的销售量得到猛烈增长。7月4日，西班牙运动员获得了10金1银的成绩，这使得人们购买电器的热情更加狂热了，商店里甚至出现了某些产品脱销的状况。

　　据有关人士估算，如果这些顾客全部将电器拿来退款，这家商店的退款金额将达到100万美元，那么这个老板将会破产，但是他依旧从容不迫地跟大家宣布，退款将会从9月份正式开始，想要退款的消费者可以在规定的期限内随时到商店来领取全额退款。"这是为什么？他能退给人们足额的金钱吗？他是疯了吗？"人们不免在心里纷纷发出质疑。

　　后来人们才知道，原来老板早就做出了安排，他向市民发布这个退款的消息，只不过是他凭借奥运会这个机遇为自己谋取利益的一种手段。在发布广告之前，他去保险公司对自己的商店投注了专项保险。保险公司认为这次奥运会西班牙运动员获得的金牌总数不可能会超过10枚，就接受了这个保险，这样一来商店老板做的就是一个旱涝保收、只赢不赔的保险。

如果西班牙运动员获得的金牌总数没有超过10枚，那么他在6月3日到7月24日之内卖出的电器就无须进行退款，这些电器所获得的利润比他一年所获得的利润都高出一倍之多，他显然是发了一笔大财。反之，如果西班牙运动员获得的金牌总数超过了10枚，那么保险公司将承担电器商店将要退款的全部金额，这些钱一分都不用电器老板从自己的腰包里掏，他反而还可以从中得到一笔不小的利润。这样的做法，让电器老板获得了巨大的收益。

通过上面的实例我们可以看出，机会是何等的重要，那么我们该如何把握住机会，获得最后的成功呢？

首先，我们要培养敏锐的洞察力，当机会来临的时候我们能够一眼就发现并恰当的利用它，不要等机会来临的时候犹豫不决，这样即使有再多的机遇也不能为你所用。

其次，要提高自身的实力和水平。俗话说，机会总是偏向有准备的人，时刻做好十足的准备迎接机遇的来临，你才能在它真正到来的时候表现的从容不迫游刃有余。

最后要正确地认识机遇，机遇对每个人而言不尽相同，不是所有的机遇都适合你，找到适合自己的机遇再为之拼搏，才能获得事半功倍的效果。

做人正能量

古谚说得好，机会老人先给你送上他的头发，当你没有抓住再后悔时，却只能摸到他的秃头了。比如说先给你一个可以抓的瓶颈，你不及时抓住，再得到的却是抓不住的瓶身了。人生因为抓住机遇而精彩，机遇因为人生而辉煌。

一个善于把握机会，利用机会，敢于向机会强势出手的人，必定是更加容易取得成功、达到事业上的理想巅峰的人。这样的人，的确是我们所期望的正能量的人。

7. 有实力的人更有底气

什么样的人才最有魅力？答曰，有实力的人。有实力的人才更有底气。一个人用什么来炫耀自己？不是帅酷的外形，不是靓丽的仪表，也不是花哨的语言，而是发自内心的底气。这种底气让他在说话时从容不迫，在解决事情时顺手拈来，他在举手投足之间表现出来的一种强大的自信，是一种富有智慧的勇气而不是蛮干无理的勇猛，是一种对生活由衷的热爱而不是毫无理由的偏爱。一个人是否有底气，并不需要他说过多的话来表现自己，从他举手投足间就能展现得淋漓尽致。

有底气的人往往在世人面前展现出一种特殊的气质。他们的言行举止、举手投足都是那么不凡，富有修养；他们在面对事情时，总是敢作敢为，勇于承担责任；他们不仅能够直面一切困难还能够直面自己的内心和自我；他们善于助人为乐，关爱他人；他们具有很强的凝聚力，因此很容易受到别人的爱戴和尊敬；他们也会具有一些幽默感，说出的话既有道理又不失风趣；他们在家庭中是顶梁柱，在社会上是成功人士，他们是父母的孝子，是妻子的轴心，是儿女的偶像。

那么怎样才能具有十足的底气呢？答案只有一个，那就是增强自身的实力，只有具备了强大的实力自然而然就会散发出十足的底气。作为一个人，只有拥有真正的实力，才能够在这个竞争激烈的社会中站稳脚跟。然而衡量一个人是否具有实力,并不是看他的职业有多么显贵,薪水有多么丰厚。所谓三百六十行,行行出状元,只要你踏实努力,即使在最平凡的岗位,也能发挥出自己的实力,证明自己的价值。

2006年,黄渤凭借电影《疯狂的石头》走近了大家的视野。近年来,他又凭借《斗牛》《第101次求婚》等多部影片获得几届金马奖最佳男主角奖,可以说他算得上当今影视圈中数一数二的新生代实力派演员。在演艺圈中,黄渤并不是最帅气的演员,也不是最有天赋的演员,那么是什么使他获得今天的成功呢?答案是他庖丁解牛般熟练而逼真的演技。从事演艺事业以来,他一直靠自己的演技夺人眼球,被人们称为"小人物专业户"的他总是能把小人物演的惟妙惟肖入木三分。他那幽默中略带一丝看透世态炎凉的表演风格自成一派。他也因此在演艺圈里底气十足,他的底气并不是炫耀,而是对自己实力的肯定,他的走红并不是一个偶然,而是努力拼搏后的必然。

如此看来,想要拥有底气,就要先具备实力。实力,对一个国家来讲指的是综合国力,是政治、经济、文化、社会、军事各方面力量的总和;对一个军队来讲指的是战斗力,是人员、装备、战术、精神等的总和;对一个团体来讲指的是财力、创造力和凝聚力的综合;而对一个人来讲则指的是实力,能力包括获得财力的能力,获取学识和技能的能力,培养和把握人际关系的能力。能力是一切生存技能的总和。要想具备实力就要具备以下几方面的素质:

首先,要有自信。自信是一个人拥有实力的基础,一个人如果连自己都不相信,还有什么力量去实践,没有实践哪里来的经验去增强自身的实力。作为一个人,要时刻在心里默念:我能行,别人能做成功的事情,我也一定能够做成功。只有具备了这种发自内心的相信自己,他才能获得勇气和力量去进行实践,从而获得实力。

古今中外,大多数伟大的人物都是以坚强的自信作为向导的。拿破仑曾经说过，我的字典里没有"不可能"这三个字，这是多么豪迈的自信。正是具备了这种自信，拿破仑才能在战争中战无不胜，尽情地施展自己的才华，才会获得永垂不朽的名声。自信，不是一种口号，说给别人听听而已，是一个人从心底里对自己发出的肯定和认可，一个人只有具备了这种对自我的肯定和认可才能抛开犹豫放手去拼搏，才能在一次次的尝试和摸索中获取经验，经验的沉淀才能形成最后的实力。

其次是无畏的勇敢。一个人要想实现自己的壮志雄心首先要能"豁得出去"，要具有冒险精神。古有诗云：生当作人杰，死亦为鬼雄！古人尚且具有如此豪迈的心胸，更何况我们新世界的现代人呢？平平庸庸，畏畏缩缩并不是一个人该向往的生活，做正能量的人，就要做一个十足的人，要有冒险精神，勇敢的追求自己想要的生活，敢作敢为，敢为人先，如此，才能增强自己的实力和底气。

最后要有永恒的热忱。发自内心的热忱能让一个人精神焕发，光彩照人，能让他时刻保持高昂的精神，对生活、事业和家庭保持高涨的热情，由此他才能将自己的全部精力投入到其中，从而增强实力。因为当你主动去热爱一个人、一份事业、一种生活的时候，你的心里会对此产生极大的向往，你会把最积极和饱满的状态投入到为实现这种状态而努力的奋斗中，少了唉声叹气和埋怨抱怨，当然会事半功倍。

一个国家只有实力强大才会不被欺负，才能屹立于世界民族之林；一个军队只有实力强大才能保护自己的国家不被侵略；一个团队只有实力强大才能获得胜利；一个男人只有实力强大才更有底气，才能更好地在社会立足，才能承担责任，做社会的好公民、父母的好儿子、妻子的好丈夫、儿女的好父亲。

做人正能量

　　一个底气十足的人，一定是一个有着实力的人，有了对自己的那份自信，有了对人生的那份勇敢，有了对生活的那份热爱，那么他就是一个骨子里透着底气的人。一个人只有从骨子里散发出底气，他才能真正做到对社会负责、对家庭负责、对朋友负责，由此他才能得到社会的肯定、家庭的谅解、朋友的宽容。因为一个人的底气不是随随便便拥有的，那是他对自己实力的自信，拥有底气的人必定是从容不迫高瞻远瞩的，他能在低谷中眺望高峰，在困境中展望未来，这种底气会贯穿他的一生，让他整个人生都因此受益匪浅。

8．别让不好意思害了你，必要时要学会"狠心"拒绝

在中国民间流传着一句老话，叫作"死要面子，活受罪"。大体意思是说，我们往往因为面子而忍辱负重，接受着自己并不想为之的事情，甚至宁可自己吃亏，也要在面子上扛过去。似乎这样做才对得起自己，才能让自己被身旁的人所接受，所认可，所看得起。然而，这样做的结果又会是什么呢？因为面子而放弃了为人处世中所需要坚守的必要原则，真是因小失大，买椟还珠，而因此得到的面子，也会变得分文不值。

现代的人越来越要面子了。穿一身不菲的名牌，开一辆高档的汽车，买一套漂亮的房子，从一定程度上来说都是为了给自己脸上挣面子、贴金。丢面子的事情对于一个人来说，是万万不允许的，即使不能完全避免，他们也会想尽各种办法对自己为什么会丢面子的事极尽所能进行掩饰与辩解。

比如，别人向你借钱，你即使手头再紧张也很少会选择主动追债，因为一旦开口追债会让双方很难堪，这是每个人都不愿意面对的事情。究其根源还是一个面子的问题，也就是我们通常所说的"不好意思""面子上过不去""拉不下脸"。又比如，当别人在讨论一个问题的时候，自己也许并没有形成成熟的观点，甚至根本就不清楚别人在讨论些什么，但他一定要上去说两句，不说的话生怕别人说自己懂得少。穿着高仿货，偏偏

要说自己是在名牌专卖店买的。不熟悉的人，只要有权有势，见过一面也敢说他是你哥们。再熟悉的人只要没权没势，就装作不熟。如此种种，都是"不好意思"惹的祸。

小王的朋友们邀请小王一起去烧烤摊聚一聚，而小王今晚还有一份明天一早要交的计划书要赶最后的收尾，但是他又不好意思拒绝朋友们的邀请，只好勉强地同意。几个男人聚在一起吃吃喝喝的一闹就是大半夜，已经十点多了，大家表示还没有尽兴，又转战到了KTV继续开喝，直到半夜两三点才回到家。喝多了的小王全身筋疲力尽，全然没有办法做完计划书最后的收尾工作。

于是到了第二天，宿醉的小王带着满脸的倦色来到公司，面对老板的询问却交不出成品。老板眼中的不满让小王深深的懊悔："为什么我就不能学会拒绝？"

由此可以看出，一个人爱面子虽然是个不争的事实，但是在一定程度上，往往会作茧自缚，死要面子活受罪。我们不难看出，小王是希望可以拒绝朋友们的邀约，却因为不懂得拒绝，最终耽误了自己的工作。其实，学会委婉的拒绝，善意的否定同样会赢得他人的尊敬。

那么，我们就要有一个疑问了，小王为什么要答应朋友的邀约呢？对于这个问题我们可以将其分析为以下几点：

首先，对于面子的过度重视。例如"不知荣辱，乃不能成人""由义为荣，背义为辱"等这些东方哲学思想，深深地根植在一代又一代人的思想中。殊不知，过于浓重的荣辱思想，反而成为心灵的枷锁，束缚着现代社会中的人们。在现代社会中，每个人都希望自己是周边圈子中的主角，自己的一举一动，受人瞩目。

其次，对于自身的过度自卑。拥有这种心理的人，总是在潜意识里对他人对的认可有强烈的依赖性，他们害怕一旦自己对别人说了"不"，别人就会对自己产生意见，不再认可自己。所以他们在生活中总是"有求必应"，一旦他人向自己提出了请求，即使自己很难做到，或者根本不能做到，他们也会答应对方，常常使自己陷于困境之中。

最后，对于历史往事的过度影响。在他过去经历和人际环境中，一定存在着很多的"不许""不能""不可以"，然而在这种氛围下，人们的思维就会受到制约，难以发挥自身的主动性。总是听到和遭到"不"的摧残，一个人的心理既想要发挥自己的能力，又害怕自己所做的事情遭到旁人的冷眼。从小开始的累积，让人无法再按照自己的想法拒绝他人的要求或是意见。

其实，小王是可以这样回拒的："好久没有和大家一起聚聚了，我也非常想去，但是，我这里还有一个计划书没有做完，实在抽不开身，只得放弃啦。好兄弟下次有好吃好喝的时候，再叫上我，好让我和大家出去聚一聚。"都是在上班的人，这样的话语，对方是肯定可以理解和接受的。

如何防止不好意思对自身的伤害，拒绝的技巧又有什么呢？

（1）委婉法。例如："这个事情，容我们再商量商量可以吗？""我再想一想，过两天给你答复"这种回复可以对要求进行有利的缓冲，而对方也会对你的意思有一定的了解。

（2）果断法。例如："这个事情，我觉得还是找更熟悉的人吧"，"不好意思，今晚有事，我们下次再聚吧"。果断的拒绝不仅提高办事效率，也会让自己看起来更加有魄力，彰显了自身的豪爽性格。

（3）转移法。例如"今天我们先不说这个了，那个……""这个事情我们过两天再说……"通过对矛盾的转移，增加自身思考时间，对方也会明白你对此项事情的否定想法。

（4）沉默法。例如：皱眉、无奈地摇摇头……当不好意思用言语表达拒绝的时候，肢体语言也可以帮到你。

懂得拒绝的人，不仅可以建立起自身果断决绝、雷厉风行的形象，更加提升自身在周边人中的地位，可以避免不必要的损失，还可以在工作和人际关系方面得到更好的调和。拒绝之后，自己原定的计划不会被打乱，力不从心的事情不用担心怎么处理。内心愉悦，身心轻松，好的心态更利于自己的发展。

不懂得拒绝的人也许会有好的人缘，与此同时也非常容易受到伤害，甚至会耽误自身工作对自己的前程造成影响。所以当我们遇到别人的请求时，不要轻易就答应，应该在心里坚持一个衡量的标准，当对方的要求超过这个标准时就要果断的拒绝对方，否则最后受伤害的只能是自己。

做人正能量

复旦大学教授陈果说："朋友间要有'理解的同情''同情的理解'。同情：感同身受的感情。慈悲的心肠：同体大悲。当你没有时间拒绝我的时候，我不会以之为然，因为我知道如果我是你，我也必然这么做，我知道你有更重要的事要做。朋友之间，就像跟空气一样，相互共存着，却不会有干扰、不会尴尬、不会拘束。任何人之间很费力的事是解释。朋友间，无须解释，同情的理解，理解的同情。"如何拒绝是一个成功人士应当学习的技巧。一个懂得拒绝，并掌握如何拒绝的人，必定是果敢，决绝，可靠，对工作认真负责、生活井井有条的人。而这样的人不正是大众口中那类最正能量的人吗？

第九章

高情商：迈不过"离谱"这道坎，就只能做负能量的小人物

> 一个具有负能量的人，大多时候给人留下"离谱"的印象。比如，不按正常人的逻辑做事，破坏了入乡随俗的规矩，这都是负能量人的所作所为。能够迈过"离谱"这道坎，成为众人眼中可靠的人，自然会成为值得信赖的赢家。

1. 按正常的思维模式考虑问题

有这样一种人特别不受欢迎，他们太过偏激，容易情绪失控，只要有一点不合心意，就会大发雷霆，不按正常的思维模式考虑问题，因而他们也经常被扣上负能量的帽子。这样的人无论是走到哪里都不会招人待见，更不会让人喜欢。缺乏好人缘，让他们在竞争中落后他人一大截。

偏激的人无法正确地看待问题，总是戴着有色眼镜思考，凡事都和正常人不一样，喜欢以偏概全，固执己见。偏激的人不在意别人的想法，总觉得自己就是正确的，对别人善意的提醒和规劝也毫不放在心上，即使是与他人平等的商讨也一概不予理会。偏激的人又喜欢怨天尤人，抱怨自己生活中的不如意、不顺心，但是又不愿意从自身找问题，只想着别人为自己付出了什么，而不去考虑自己为别人提供了什么。

三国时期，大将关羽以其豪迈的英雄气概名震四方。他过五关、斩六将，单刀赴会，水淹七军，在众位英雄中间扬眉吐气，成为人人称赞的豪杰。但是，关羽有一个致命的弱点，那就是刚愎自用，为人固执偏激，而这个缺点随着关羽名声的不断高涨而愈加凸显。当刘备重托关羽留守荆州之际，诸葛亮再三叮嘱他"北据曹操，南和孙权"。但是，关羽似乎完全不放在心上，根本没有按照诸葛亮说的去做，而是有自己的一套路子。

当吴主孙权派人来求见关羽，为儿子求婚时，这位常胜将军听完对方的要求之后，毫不留情面地大声怒喝道："我关羽也是一世的英雄，女儿也是牛气的，你孙权的儿子怎配和我的女儿成亲？"关羽自视甚高，毫不把孙权放在眼里，一番话说出口，最终导致了吴蜀联盟的破裂。接下来，蜀吴两国最终刀兵相见，关羽也因为自身的非理性思维落得个败走麦城，被俘身亡的下场。

把自己看成是"一朵花"，把他人都看作是"豆腐渣"，关羽说话偏激，做事鲁莽，丝毫不考虑大局，不计后果。背离与东吴联手抗曹的战略，背离了诸葛亮的嘱托，关羽最后失败也就不难理解了。

除了看不起对手，关羽对同僚更是不放在眼里。名将马超前来投奔蜀国，刘备准备封其为平西将军。哪知道，远在荆州的关羽听闻此事后大为不满。他心中觉得愤愤不平，一个区区的马超怎能担当如此重任，把我关羽置于何处。而当老将黄忠被封为后将军时，关羽又看不下去了，他宣称："我关羽是大丈夫，绝对不会和老兵同列。"

几次事件之后，关羽盛气凌人、偏激鲁莽的形象产生了极大的负面效果。而当关羽身陷绝境之时，更是众叛亲离，没有人愿意伸出援助之手，最终走向了败亡的道路，自己曾经打拼下来的江山事业也都付诸东流。

关羽本是一名英雄，但最终却落得如此悲惨的下场，令人唏嘘不已。假若当初孙权来求婚时，你不同意便罢，又为何口无遮拦，出口伤人呢。其他大将加官进爵你又为何看不下去，耿耿于怀呢。假若关羽不以个人喜好和偏激的情绪来对待关系全局的大事情，尊重别人，少一点偏激，多一分柔和，那么他的下场也不至于如此凄凉。由此可见，正能量做人，说靠谱的话，办靠谱的事，多么重要。

在我们身边，有的人不能正确地对待别人，看不得别人的进步和成长，就更不能正确地对待自己。当看到别人做出了比自己更为显著的成绩时，就开始故意找茬打压、诋毁讽刺别人；当看到别人不如自己的时候，又四处嘲讽，通过打压别人来提高自己。希望别人尊重自己，臣服于自己，但是自己却不懂得如何尊重别人，说一些不经过深思熟虑的话，让人心生不快。在处理重大问题上，我行我素，不听别人的规劝，自以为是，主观武断，最终一败涂地。

偏激的人很难在社会上立足，他们缺少朋友，无论是做事业，干工作，都无法和别人愉快的合作下去。久而久之，越来越多的人开始疏远他们，最终只能孤单一人，难成大事。人们交朋友都喜欢交心，能够站在平等的位置上相互交流沟通。那些自以为是的人老是觉得自己比对方高明，话一出口便开始和对方较劲、抬杠，让别人下不了台，自以为脸上增了光彩，却不知你这样早就成为别人诟病的对象。

因此说来，偏激的人大多没有好人缘，而好人缘却是你事业成功基础上必不可少的一部分。偏激的人往往有自身的劣势，他们在知识上贫乏，在见识上更是孤陋寡闻，社交上又自我封闭，具有极度强烈的主观意识，不愿与他人交流。一个人应该具备主见，有清醒的头脑，做事能够不偏激、不鲁莽，这才是一个成功正能量人的品质。无论是做人还是处世，都不能固执己见，死守一隅，把自己的偏见当成是真理，眼里容不下别人，这是一个人的大忌。

按正常人的思维模式考虑问题，说话心平气和，办事有条不紊，这样的人走到哪里都会受人欢迎，这样的人才能成大事，受到大家的尊重和喜爱。适当帮助身边的人，当他们遇到困境之时能及时地伸出援助之手，也要记住别人对你的帮助，并在适当的时机予以回报。想要成为一个成功的人，就要按照正常人的思维办事，当你做到这点的时候，你就会发现自己离那个偏激的自己越来越远，自己的身边更是多了好多朋友，在成功的道路上也少走了不少弯路。

做人正能量

偏激的人无法成大事，偏激而又负能量的人需要反省自己的行为，对症下药，丰富自身的知识和阅历，参加一些积极有益的社交活动，掌握正确的思想观点和方法，增长自己的见识，决不能因为自身的局限而去嘲笑、看不惯别人的优点，克服"一叶障目，不见泰山"的偏激心理。

所以，想要成为正能量不偏激的人，就要正确地对待朋友和他人。你是一个独立的人，你有自己思考的权利以及如何思考的权利，你可以厌恶他人、嘲讽他人、责备他人，你也可以赞美他人、欣赏他人，一切的选择都依靠你自身，支配这些行为的主体都是你，关键在于你如何选择，不同的选择方式自然会带来不同的结果。用宽容的心对待他人，努力地从别人身上寻找优点，而从中获利的并非是别人，正是你自己。当我们开始摆脱偏激的心态，我们会发现自己变得更加幸福，更深地享受这种心态带来的良好人际关系和欢乐。

2. 坚持"入乡随俗"，做事更可靠

俗话说"入乡随俗"，这句话简单直白地指出了一个很浅显的道理——根据情势变化，入乡随俗，更容易得到他人认同，把事情办好。当今的社会就是人情的社会，懂得尊重他人的习俗、理念，才容易办好事情，迅速赢得对方的支持。许多时候，一个人干什么都感觉很吃力，不妨检讨一下自己做事的方式是否有问题，是否触碰了他人的行事原则与底线。

一个人想要成就大事业，单凭一时的热情是远远不够，你必须懂得尊重他人，而后在此基础上顺从对方的某些习惯，从而赢得认可。尤其是当你的力量还够强大的时候，拥有这种意识就显得尤为重要。

许多时候，我们做事情都离不开他人的配合、帮助，仅凭自己的力量是无法胜任的。因此，做任何事情都少不了依靠他人的支持，而首要的一点是你自己要成为正能量的人。在寻求帮助，懂得入乡随俗就成为一个基本的相处原则。比如，为了获得某个关键人物的支持，你要了解对方的喜好，最近有哪些活动、有哪些方面的需求，等等。根据这些个性化的特点及需求，再去极力满足对方，就容易赢得对方认可、理解和支持。再比如，为了得到一群人的支持，则要了解众人的想法是什么，他们的生活习惯及心理诉求是什么。至于去异地甚至国外办事，更需要秉承入乡随俗的

原则，去寻找合作机会，弥合双方的分歧和误解，找到共同的利益点。反之，一个人做什么都我行我素，根本不顾及他人的感受，完全忽视他人的习惯、风俗，则会招致更大的麻烦，甚至会加剧彼此的矛盾。这其实就是做了负能量的事，怎么会有顺利可言呢？

坚持入乡随俗，就是做正能量的事情，因为你在顺从中没有触动他人的心理预期、利益诉求，自然就赢得了理解、支持和信任。反之，违背了入乡随俗的原则，你就是与众人为敌，做出负能量的事情，自然招致大麻烦。

小李和小张同时进入一家知名公司实习，该公司要求严格，许多人无法应对强大的工作压力选择退出，最终无法继续留下来做事。显然，想长久留在公司不是一件容易的事情。小李和小张二人也意识到了这个问题，但是他们初出茅庐，只好走一步看一步。

显然，小李是一个聪明人，他意识到自己必须尽快适应公司的组织文化、人际关系，并在工作岗位上做出业绩，才能稳住阵脚。其实，实习期间的工作相当轻松，只须处理一些基本的业务就行了。但是，小李总是用心做事，做得比公司要求的更好。而且，他还在工作中与同事打成一片，虚心请教工作技能，与大家相处得极为融洽。不久，小李就熟练掌握了岗位工作技能，取得了不俗的业绩。

小张却并没有像小李那样做，他认为这家公司的要求太严苛，超出了常人的承受能力。而且，将来毕业不一定留在这里，外面还有许多选择机会。因此，小张在工作中显得并不那么用心，只是做好分内工作。工作中，他与其他同事也只是点头之交，没有投入过多的热情和精力。

很快，两个月的实习期就结束了。因为小李在实习期间迅速掌握了工作技能，并取得了不俗的成绩，也与许多同事建立了融洽的合作关系，所以顺理成章地留在了公司，成为一名正式员工。而小张因为没用心做事，也没有付出更多努力，结果没有得到公司管理阶层的认可，最终被淘汰。

在这个世界上，一个人无法脱离人群、组织而生存和发展。有谁能够不依靠别人的力量而成就大事呢，当今世界上那些功名显赫的人也不敢拍着胸脯说自己全凭个人的力量，从来没有依靠过他人。许多时候，团队、组织的力量甚至关乎一个人的前程和未来，甚至决定一个人的生死。为此，懂得尽心做事、融入团队才是稳妥的成事之道。

总之，每个人在自己的人生发展中、在事业壮大的过程中都会与各种各样的人打交道，建立关系，发展友谊。在此期间，彼此之间牢不可破的关系尤为重要，懂得入乡随俗，在尊重他人的基础上找到共同点，显然更容易实现合作，否则成功的路上就更加艰难和曲折。在商业领域内，有时候入乡随俗就是盈利的基础；在政治领域内，入乡随俗就是上升的基础。

很多人在意识到入乡随俗的重要性后，都开始绞尽脑汁的寻找合作伙伴。但是，在此之前，你应该先掂量一下自身的价值。好比"千里马"和"伯乐"，这是一种双方的互相选择，与其漫无目的地寻找伙伴，当务之急是让自己更有价值，拥有"千里马"的潜质。

首先，自身素质尤为重要。在你想要进一步提升的时候，必须有稳扎的实力和深厚的功底，找出自己的闪光点。那些埋头苦干，一心扑在工作上的人不会引起别人的注意，他们太过默默无闻，不懂得让自己闪耀出潜力，因而也就没人能发现他们。你所需要做的，就是打响自己的名声，主动接受一些具有挑战性的工作，及时甚至提前完美地完成工作，得到赏识，自然就会有人来注意你。

其次，在融入特定圈子的时候，除了坚持入乡随俗，还要做到不卑不亢。"入乡随俗"不是对他人低声下气，显得唯唯诺诺，而是在尊重他人习惯、理念的基础上去交往。很多时候，就算你再卑微地乞求别人，对方也会无动于衷，最终徒劳无功。与其这样，不如在入乡随俗的基础上，坚持自信、自尊的原则，反而令人对你高看一眼。

做人正能量

平日里要主动利用身边的资源，积极与起决定作用的人建立关系，发展友谊，寻求合作的机会。与此同时，对不同的人一定要尊重他们的想法，牢记他们的喜好，绝不我行我素，甚至小家子气。通常，只要能满足对方的诉求，并能通过持久的付出赢得信任，自然会成为对方眼中可靠的人，接下来再干什么就水到渠成了。

"入乡随俗"，其实是人际交往、合作共事的大智慧。事实上，寻求合作的过程就是求同存异，因此尊重对方独特的需求，并顺从他们的意思，才能寻求共同的利益点，进而实现合作。反之，一开始就对他人的某些要求看不惯，对他人的某些言行吹毛求疵，干一些离谱的事情，又怎能赢得对方认同，进而实现合作呢？在人生道路上，阅历、见识都是宝贵的财富，而懂得入乡随俗这个基本原则会有助于一个人对他人有清晰明了的认识和见解，能够给予更多启发，少走弯路，少犯错误，避免踏入误区。

3. 懂点人情世故，办事更加正能量

在我们周围，很多人才华出众，但是他们空有一身学问和才能，即使才高八斗、学富五车但是却一直潦倒，始终不得志，而很多没有才华的人却春风得意，功成名就。这不得不让人疑惑，但究其原因发现，这些人虽然具备非同一般的才华，但却无用武之地，就是因为不懂得人情世故，导致办事不靠谱，结果一直无法出人头地，施展才华。

一个人想有所成就，必须懂点人情世故，也就是大家约定俗成的做人做事规则、方法。在这个范围内行事，自然容易得到众人拥戴，而后借助他人的指引、推荐和帮助找到正确的方向，实现个人奋斗目标。如果只凭借自己的力量，单枪匹马去闯荡是非常困难的。坦白地说，只有通过别人的帮助才能走向成功。但是，别人不可能平白无故地给你帮助，要想获得别人的帮助，就得懂点人情世故，办事才能更加正能量。

小王和小张即将从部队里退伍，转业问题成为当务之急。如何能找到一个体面又薪酬丰厚的工作呢？两个人开始忙碌起来。小王为人热情，在部队里的时候就和周围的人打成一片，相处得极为融洽，和领导之间的关系也非常好。退伍的时候，大家都抱在一起不忍离去。小王凭借自己广阔的交际面，认识了不少朋友，为了能够找到工作，他给自己相关的朋友都打了电话，表明自己的当前情况，希望对方能够帮一下忙。

听了小王的倾诉，朋友们没有推辞，全部都行动起来。有直接电话打来提供信息的，也有直接提供工作的，大家都主动出力，把小王的事看成自己的事。而在众人之间，有一个人显得尤为特别。他是小王当初在火车上认识的，因为座位相连，两人在火车上相谈甚欢，下车的时候还互相留了电话。而那个人的父亲是某单位的局长，当他接到小王的电话时，马上就邀请小王来父亲的下属企业当公关部长。就这样，小王在很短的时间内就找到了一个对口的工作单位。

与之相比，战友小张就没那么幸运了。小张平常寡言少语，不爱和别人过多的交流。平日里都是独来独往，因而也就没什么熟人，更不用说有什么关系好的朋友了。到了即将专业的关头，小张犯了难，他拿着东西到处托关系，找人帮忙。但是，因为彼此都不太熟悉，很多人只是嘴上答应了下来，却没有人愿意为他真正去四处询问。转眼一个月过去了，小张的工作还没能落实下来。

小王善于交际，广结善缘，妥善地处理好与他人之间的关系，这为其事业发展带来极大的便利。而小张不懂得人情世故，没有良好的人际关系，自然就没有人相助。从小王和小张的故事中不难发现，懂一点人情世故才容易和他人相处，进而积极拓展人际网络，在关键时刻得到鼎力支持。

在当今社会，人们看重的是人际关系，这是一种积极而稳妥的财富投资策略。人本来就是感情动物，在处理问题的时候必然包含着感情因素，这是人与人之间建立起来的合理的伦理秩序。如果生活中缺少了人情，办事的过程中就会增加难度，而通过平日里积累人际关系，日后才能翻开人情账本，及时得到鼎力支持。因此，一个人必须明白一点，在当今社会对人情世故的把握是最正能量的做人做事技巧。

一个人想要取得成功受制于诸多的因素，不光要有专业知识和技能，对人情世故的运用也最为重要。卓越的社交能力为我们带来了广阔的人际关系和路子，为成功奠定了坚实的基础。经验表明，有了广阔的人际关系，容易被他人接纳，让成功之路变得畅通无阻。所以，懂人情世故就能按照大众的心理诉求去行事，其做法往往被认同。反之，一个人不懂人情世故，做什么事情在他人眼里都是离谱的，无法让人理解，更不用说得到他人认同了。

由此看来，善于运用人情世故为自己创造价值，是当代人必备的生存技能，也是成功的基本条件。遇上棘手的问题时，良好的人际关系、广阔的朋友圈子是可靠的助手，而在人情世故原则的指导下寻求解决之道，更容易让我们找到解决问题的有效方法。

第一，将人情世故作为必修课。

一个人想要做出一番事业，一定要懂得人情世故，在正能量的道路上去做人做事。如果不懂基本的人情，那么从你一开始的行动就注定了日后的失败，无论你付出多大的努力都是徒劳无功的，只是白白浪费了精力。而一个善于运用人情世故的人，即使他的起点比别人低，在最开始时落后于别人，也能在日后追赶上来，甚至超过身边的人。

第二，努力构建自己的好人缘。

拥有好人缘的人，干什么事都顺风顺水。人缘好，首先在于一个人谙熟众人的心理，掌握了社交技巧，所以他们说话办事都不会出格，"离谱"更与他们无缘。顺从众人的心意，得到大家的拥戴，自然会在广泛支持的基础上有所作为。如果你人缘不佳，应该反思一下自己哪里出了问题，是否经常做出格的事情，让人大跌眼镜。须知，迈过"离谱"这道坎，一个人才算成熟起来，才能承担更多责任，有更大担当。

做人正能量

每个人的一生都在和他人打交道，无论是学习、工作还是生活，都是在与他人的交往中完成。这些人看似平凡，甚至是不起眼，但是他们却在无形中形成了一个强大的网络，为其日后的发展奠定了基础。海纳百川，有容乃大，一个人只有不断地扩展自己的交际圈，广结善缘，认识更多的朋友才能增长自己的见识，走向成功。有了更多的朋友，信息就会更加灵敏，遇事有人出手帮助，解决问题就会轻而易举。

做人不出格，做事尽量靠谱，这样的人才算掌握了人情世故的基本法则，有更大作为。日常生活、工作中，珍惜每一次和他人交往的机会，以诚待人，用心交朋友，把握住每一次机会，就能逐渐的扩展生存空间和人脉网络。相反，如果事事不懂得遵从一般的交往原则，而是我行我素，或者独守一隅，不愿意和他人交流，必然寸步难行。总之，了解人情世故的基本法则，是成为正能量人的基础。

4．按规矩办事最受欢迎

俗话说"到什么山上唱什么歌",说话办事要看对象,符合对方的心意和要求,这样你求人办事就顺利容易得多。如果说话不看对象,想到什么就说什么,扯一些不着边际的话不仅达不到求人的目的,往往还会伤害对方的面子,损害两人之间的感情。因此,按规矩办事最受欢迎,说话得看场合。从心理学的角度来看,不同的场合会有不同的氛围,而场合对说话的影响以及对交际者的心态有着重要的作用。人们在不同的场合会有不同的心情,因此对问题的理解和感受程度也都不相同。

不看场合说话会很伤人,同样的一句话在某些场合说出来会被认为是合情合理的,而在另一个场合则有可能被认为是荒谬无理的。因此,说话是否得体要看身处的环境和环境中的人,看人说话办事才能收到良好的效果。如果说话随便,口无遮拦,没有条理,说出一些不合时宜的话就会惹怒对方,造成双方的尴尬,更不要想再求别人办事了。日常生活中,我们总会在不同的时间、不同的地点、不同的场合遇到不同的人,面对各种不同的情境,必须选择合适的方式,按规矩办事,才能收到理想的预期效果。

某国有企业的两位老职工即将退休,他们在企业里勤勤恳恳地工作了几十年,见证了这里的一切。为此,企业领导准备为他们办一次欢送会。

其中，一位老职工曾获得过多次荣誉，被评为"先进职工"，而另一位老职工虽然一直工作在第一线，也做出了不少贡献，但是没有得到过什么荣誉，多年来他对此也颇有微词。

在欢送会上，与会人员和领导都纷纷发言，对两位老职工的工作和这么多年的贡献做了一番热情洋溢的表扬和赞颂。相比之下，那位获得过"先进"的老职工自然会得到更多的赞美，而另一位老职工就显得颇为凄凉。紧接着，轮到两个人致辞答谢了。他们首先就对大家的赞美做了由衷的感谢，刹那间，会场里洋溢着动人的气氛。本来，这次欢送会就应该按照这样的气氛有条不紊地继续下去，但是那位略有遗憾的老职工似乎还有不少话要说，他开始抒发自己的遗憾："说实在的，我在咱们工厂里工作了这么多年，做出的成绩一点都不比别人少，但是很遗憾我从来没获得过一次荣誉……"话音刚落，坐在他不远处的一名青年职工抢过话筒说出了令人震惊的话，"不是您不配当先进，只是怪我们从来没有提过您的名。"

此话一出，老职工脸上便一脸尴尬的神情，紧接着就流露出一脸的感伤情绪。一时间，会场中出现了极为压抑、尴尬的气氛。台下的一位领导见状，马上接过话茬，想把气氛缓和一下。按理说，这位领导应该审时度势，在这种情况下避开"先进""荣誉"这些敏感的话题，转而谈论其他内容。但是，他显然没有意识到这个问题，开始反反复复地劝慰老职工不要把"荣誉"问题放在心上，对这样的问题不要太过在意；没有评过先进并不代表不够先进，这不过是一个称谓没有那么重要，一切都还要看实际情况，如果老先生真的想要先进的称号，大不了回去给老先生补一个。

三言两语说出口，老职工脸上就挂不住了，好像自己就是为了荣誉而来的，本来只是抒发一下感慨，没想到被领导无限放大了。这席话也让在座的各位更加尴尬，把应该避而不谈的话题又不断得做了重复和引申。

之所以发生这样的事情，就在于那位老职工不懂得什么场合说什么话，而那位领导也没有准确判明形势，才把一场即将圆满的欢送会搞砸了。做任何事都有规矩，包括具体的场合、时间等，按照既定的规矩办事，一切都会顺利进行；反之，如果打破了原来的套路，必然出纰漏，超出众人的预期，带来离谱的后果。

俗话说，一句话使人笑，一句话使人跳。想要说话得体，就要看自己周围的环境，能够做到见机行事。假如不会说话，那就不要说，不要把话语权争过来还随便说些伤大体的话，不仅使人难堪，更会伤害到别人。

由此可见，你的谈吐，说话的内容和主题必须要和身处的场合一致，这对你形象的塑造起着至关重要的作用。常言说，"关起门来办事"，对自己人可以无话不谈，甚至说些放肆的话，但是这样的套路却不是适用于外人。如果对待外人也用这种方法就会弄巧成拙，办不成事。所以在看人说话时一定要记得"逢人只说三分话，未可全抛一片心"。其次，说话还需分场合，在正式场合中应该以严肃认真的态度来讲明事情。事先一定要有所准备，不能天南海北的胡扯一气。在非正式的场合，则可以不用那么拘谨，闲谈一些家长里短的事情，便于双方之间迅速沟通感情，拉近距离。在现实生活中，很多人不注重场合的差别，说出来的话要么文绉绉，引经据典让人无法接话，要么俗不可耐，味同嚼蜡，这就是不懂得正确把握场合所带来的后果。

在庄重的场合上要说严肃、认真、得体的话，如果求人办事就要说"我特地跑来看你"，这样就显得很重视，别人也会觉得很满意。而如果你说的是"我顺便来看你"，不免就会让人不乐意，觉得你没把自己放在眼里。在一些随便的场合就可以说些轻松随意的话，不用小题大做，让对方感到紧张。在喜庆的场合中，记住不要说悲伤、晦气的话，说者无意听者有心。本来大家都喜气洋洋，可是你却说出一些倒霉的话不免让大家觉得厌烦你。而在悲痛的场合中就更加要懂得说些得体的话，否则别人只会觉得你不懂事，不识大体。

总之，说话办事都有一定的规矩，这是行事的基本准则，万万不可逾越，打破人们的心理预期。而在与人相处的过程中，还有各种特定的规矩存在，需要我们去熟悉、总结，作为自己做人做事的依据和参照。在这里，懂规矩其实就是尊重他人的心理预期，不破坏他人的利益诉求，这些规矩背后的东西才值得认真研究。在规矩的制约下行事，一切活动都不会被干涉，离谱的事情自然也不会发生，这其实就有了成大事的基础。

做人正能量

一个人想要成就大事业就需要学会按规矩说话、办事，这是成功的基础和保证。心理学上讲究"到什么山唱什么歌，见什么人说什么话"，正是这个道理。古人说，识时务者为俊杰，无论是在什么场合都需要谨言慎行，分清场合说得体的话，否则苦涩的后果只能自己品尝。

一个人无法脱离社会独自存在，既然我们无法选择逃避，何不主动地融入社会中，学会察言观色，按照社会的套路出牌？当你的力量弱小时，当你没有能力改变他人时，坚持按规矩说话办事就是最靠谱的行动原则。唯有当你拥有了成功基础和经验后，你可以尝试着打破某些规矩，去订立一些新的规矩。在此之前，万万不可在离谱的道路上越走越远。

5. 换位思考，让理解取代偏见

体贴的人懂得换位思考，照顾别人的感受，因而在日常生活中他们最受欢迎，让人觉得靠谱，也值得信赖。这样的人知道什么话该说，什么话不该说。当别人落难、失意之时，不会揭别人的伤疤，不去触碰别人的伤口，而是会送上自己的热心，嘘寒问暖。但是在日常生活中，总是有这样的人，他们经常在别人面前吹嘘自己的得意之事，炫耀自己的成就，不分场合，不分情况。别人明明就已经一脸不耐烦的神情但是你却没有就此打住，只会让别人更加反感。

因此，日常的交往中如果需要表现自我的时候，必须以一种谦谦君子的心态，看准时机，懂得把握好度。在别人遭受挫折的时候，懂得安抚他人的心灵，不能因为自己的荣誉而让对方产生相形见绌的感觉。在你沉浸在成功的喜悦中时，也一定要记得在你沉醉的时候也有人在哭泣。须知，你的光芒切不可太过强烈，在那些不得意的人面前尽可能地不要提你的得意之事，照顾别人的感受才是一个人的作风，也才有可能和对方进行心与心的交流，并因此获得一个好的名声。

善于沟通的人，一定会随时顾及别人的感受，用心保持彼此间和谐、互动、互助的良好状态。成大事的人都喜欢交朋友，如何维持朋友间的关系呢？那就要在一些平凡小事中顾及别人的感受，懂得照顾别人。一些人为什么一事无成？因为他们自私自利，说话只图一时之快，丝毫不考虑别人的感受，想说什么就说什么，往往就在无意中破坏了自己的人际关系，造成恶劣的沟通效果。

小刘到外地出差，夜幕时分他在这个陌生的城市找到一家宾馆入住。第二天准备退房的时候，前台服务生严肃地说："你在这里等一下，我要去房间看看是否丢了东西。"小刘听了这番话，浑身觉得不快，一脸尴尬地站在旁边。接着，前台服务员又冷冰冰地说："几天前，有个客人竟然偷走了我们的毛巾和床单，还把浴室里的东西都弄坏了。"

小刘听到这里更觉得不快乐，这么说到底是什么意思，来这里住难道还会偷你的东西不成。小刘觉得对方就是在含沙射影的鄙夷自己，侮辱自己的人格。于是，他向对方提出了抗议，但是对方却不以为然，认为这不过是按照规定办事罢了。小刘认为这家宾馆的服务态度实在太差，从此以后再也没有来这家宾馆住。

第二天，在另外一家宾馆，小刘却感受到了截然不同的待遇。退房的时候，前台服务生一脸微笑地对他说："先生，请您稍等一下，我去房间看看你有没有遗落下什么东西。"尽管这位服务生的目的和之前的那家是一个意思，但是用不同的方式表达出来，给人的感受大不相同。同样是检查房间的东西有没有损坏、丢失，但是这家宾馆的服务员就表达得很含蓄、委婉，表达的技巧相比上一家就高明许多。因此，小刘在以后出差的时候都会选择来这家宾馆入住。

沟通的魅力对他人造成的影响不容小觑，前后两位服务生采取了不同的沟通方式，结果收到了不同的效果。第一位服务生说话直白，没有考虑别人的感受，所以才会出现沟通上的问题。第二位服务生则站在对方的角度出发，用对方的想法来思考，因此他的话就让人听起来舒畅、顺耳，不仅达到了预期目的，又巧妙地维护了对方的自尊，让人容易接受。

在某一期电视台举办的节目现场，比赛进入到最后的决赛阶段。在剩下的四位选手中，有位叫李俊的选手特别引人注目，因为他的身高差不多有190cm，但是却一直弯着腰，站姿不是很舒展，给人一种拘谨的感觉。

比赛越来越激烈，很快场上就只剩下三名选手了。接下来的一关是让选手们以记者的身份对节目主持人进行一档访谈节目，前面两位选手都很从容出色地完成了任务，获得了在场观众的掌声和评委的一致好评。最后出场的就是李俊，他做了一下深呼吸，控制了一下情绪。出人意料的是，他没有像其他选手那样说一些能展示自己优势的话题，而是和个子不高的主持人谈论起了身高问题。李俊很无奈地说："由于我实在太高了，在决定谈论这个话题的时候实在是有些犹豫。这样的身高很难找到一个合适的搭档，为了不让其他选手产生压力或者其他不满的情绪，从参加比赛至今，我养成了一个特别不好的习惯，那就是一直佝偻着腰。虽然知道这样做无助于个人形象的塑造，但是我觉得起码会降低一下身高，看起来不那么突兀，和自己的搭档合作起来也更加和谐。"

李俊的一番话让在座的各位无不动容，他们深深地被这种为他人着想的精神所感动。本来大家都以为，比赛就是为了打败对手，没想到李俊竟然这样考虑和照顾对手的感受。李俊对搭档负责，也是对节目组负责，更是对所有的观众负责。毫无意外，李俊成了最后的赢家。

生活中，想要成就大事，维护良好的人际关系，就必须对自己的一言一行负责，时刻为对方考虑、为别人着想。懂得别人感受的人，才能获得别人的敬仰。每个人都想成为佼佼者，都想被别人高看，被评价得高一点。但是在别人未谈得意之事的时候，自己也不要首先说出口。我们不妨换位思考一下，如果你平淡无奇，那么听别人谈得意之事自然提不起兴趣。所以，聪明的人懂得站在对方立场考虑问题，照顾对方的感受，坚持"己所不欲勿施于人"的道理。总之，换位思考，自然不会做出令人感觉出格的事情，这其实就是正能量做人的秘密所在。

做人正能量

一个人在做事的时候，尤其是当大权在握的时候，做事之前首先就要考虑别人的感受，重视他人的利益或诉求。通常，只要懂得用博爱的心去度量他人的心思，自然清楚自己该做什么，不该做什么，从而不会对他人抱有偏见，更不会做出伤害他人的过火行为。如此一来，你就会成为众人眼里办事靠谱的人。

做事我行我素，固执己见，说话不经过考虑，从来不在意别人的感受，这样的人是遭人唾弃的。不考虑别人，不懂得换位思考，要么是自私自利、唯我独尊的人，要么就是素质低下、毫无修养的人，与这样的人相处大家都会多一个心眼，甚至没人愿意接触这样的人。想要获得别人长久的好感，获得别人真心实意的拥护和支持，就必须要时刻的顾及别人的感受，经常换位思考，有了这样的思路，想干成事就会容易得多。

6. 别意气用事，该装傻的时候就装傻

我们常用"大智若愚""大巧若拙"来形容一些人，他们拥有超人的才智但是却不露锋芒，表面上看起来好像很愚笨，但其实这是做人做事的大智慧。一个人成大事，恰恰需要这种韬光养晦的方法，适当的隐藏自己的才能，该装傻的时候就装傻，做他人眼中不出格的可靠伙伴。

纵观世上拥有大智慧的人，他们往往不会在众人面前尤其是不在同行面前轻易地展露出自己的才能，而在外表上显露的十分愚笨，好像一无所知的样子。善于装傻的人反而最聪明，他们心中有比较高的谋略和方法，这样的人面对问题几乎攻无不克，战无不胜。商人做生意总是喜欢把好的留到最后再卖出去，这是高明的经营策略。君子与人相处往往不把自己全部展露出来，而是喜欢留一手，看起来和常人无异，这样的君子才是品德高尚的。人活在世上，不能太过聪明，太聪明的人容易引起别人的嫉妒和不满。适当的装傻，用"笨拙"的方法来表现真诚的态度，这其实是一种至高的人生境界，是一种大智慧，是一种人生的大谋略。

中国人总是把面子放在第一位，在和别人打交道的过程中总是会极力奉承对方，就是为了给足对方的面子。而一个人想要在社会中吃得开，尤其需要给对方面子，哪怕自己暂时屈居下位。所谓人情，就是给对方面子，不让对方难堪，下不了台。在处事中适当的睁一只眼，闭一只眼，该

装傻的时候就装傻，这对处理好彼此之间的关系有很大的好处，对于成功交际会起到至关重要的作用。这不难理解，装傻充愣而不去揭穿事实真相，自然容易顺从他人的心意和面子，得到认同其实就是正能量，接下来才会顺风顺水。

某位商人准备拓展新的业务，于是他开始四处寻找新的客户，一天下来跑了好几家单位，出来接见他的都是属于科长级别的人物。有一次，他见了一位处长级别的人，当时却浑然不知。由于每个单位的规模和做事风格不同，交涉事情的时候由科长或处长出面都不足为奇。结果，他想当然地认为面前的这位也是单位的科长，在会谈的时候也一直都以"科长"来称呼对方。

很快工作上面的事情就谈完了，商人也回到了公司。结果整理名片的时候，他才发现自己叫了一个下午的"科长"实际上是一个"处长"。这让商人大感不妙，对自己犯的错误十分慌张。为了能够及时挽回局面，商人马上给对方打电话表明歉意，但是对方却表现出毫不在意的态度。"这件事既然过去了就算了，你也不必放在心上，不过是一个称呼而已，没什么大不了的。"这位处长在和商人交谈的时候不但没指出对方称呼上的错误，事后也没表现出不悦的神情，更让商人不要放在心上，其心胸和气度确实高人一等。商人听了处长的一番话之后才放下心来，认为对方确实值得深交。

经验表明，在许多场合抓住对方的小辫子不放，甚至让对方无法下台，这种意气用事的做法其实很愚蠢。因为，你的执拗伤害到对方的自尊，少了宽厚的胸襟，反而会被认为不近人情。到头来，反而是你的做法太离谱。相反，如果能学会糊涂一些，让对方面子上过得去，不计较一时，反而能最大程度上俘获人心，去成就更大的事情。

某间寺庙里，禅师晚上在院子里散步，当他走到墙角的时候，发现平时平整的地面上多出了一块石头。禅师马上断定，寺院里有小和尚偷跑出去玩耍了，这对寺院来说是很严重的事件，触犯了寺院的戒规。按理说，犯了错的和尚轻则禁闭一年，重则勒令出寺。禅师非常生气，他准备严惩这名不遵守纪律的和尚。但是正准备喊人的时候，他又立刻止住了。心想，应该用更有效的方法来处理这件事情，既能让徒弟吸取教训，又能让他改过自新不再犯错。

于是，禅师就在围墙下等候着徒弟的归来。直至深夜，徒弟终于摸着黑从墙外翻进来，当他落地的时候，看到禅师在这里等着，不免吓了一跳。禅师看着徒弟，轻声说："天这么晚了，赶快回去睡觉吧。"说完，拍拍徒弟的肩膀就走了，只剩下小和尚站在那里不知所措。禅师睁一只眼闭一只眼，没有把这件事情宣扬出去，第二天照常念经讲佛。而这个时候，徒弟坐不住了，他满脸羞愧地来到禅师面前忏悔，而禅师却一脸平静，当作什么事情都没发生过。从此，这位小和尚开始改过自新，再也没有出去偷玩过，而是刻苦用功修行，并在禅师去世的时候顺利的接替了主持一职。

禅师没有意气用事，没有用严酷的方法来惩罚小和尚，而是睁一只眼闭一只眼，假装什么都没发生。这并不是放纵他，而是为了能让小和尚产生羞耻心，主动地对自己的过错产生会晤，从而改过自新。禅师的做法看似离谱，其实最靠谱，呈现了领导者应有的智慧。有的人总是一本正经处世，不懂得回旋和变通，看似刚直不阿，结果因为执拗无法收拾人心，到头来一事无成。规矩是死的，人是活的，有时候别意气用事，学会装傻，更容易寻找到靠谱的解决之道。

其实，谁能不犯点错误呢。当别人出现无伤大雅的错误时，千万不要得理不饶人，揪住别人的小辫子不放，更不应该抱着讥讽的态度，让对方下不了台。小题大做，伤害的不只是对方的自尊心，更是你们两人之间的感情，也会让你丧失理性做事的智慧。

对那些无伤大雅的小错误，如果我们当着众人的面向对方指出来，不仅会使气氛瞬间尴尬起来，更让对方感到不快，下不了台。那些能够成大事的人，都会自动的忽略这些小错误。因为，当面被指出来很容易产生羞愧的心理，以后就再难回归到最初的状态。所以，很多时候面对这些并不在意的差错只当做没看到就行了。这样做，不仅可以避免对方产生不快的情绪，最终对方甚至还会感激自己，有助于赢得人心。

能够宽容别人将会带来很多的朋友，一个人须牢记这一点。人生难得糊涂，人生贵在糊涂。一个人在社会中闯荡很多时候都要学会睁一只眼闭一只眼，面对一些事情能够装傻，装糊涂。偶尔糊涂一下，是成大事的需要。

做人正能量

用谅解、宽容的心来对待别人，人们就会感受到你的善意，就会从心底里感激你。处理问题时要注意方法，把握好度，如果方法不对，事情将会更糟，更不靠谱。通常，在处理这类问题的时候要注意不露声色。不要当面指出，给对方留足面子，既能使当事人有台阶下，又能让其他人不易察觉。

此外，要注意用幽默的语言化解尴尬。当对方主动意识到自己的错误的时候，他们可能感到紧张无措，这个时候你的一句幽默的话语能缓解气氛，使对方放下紧张的心态。这样做能让对方尽可能地挽回面子，当情况陷入无法挽回的境地，你不妨转变话题，采取一些必要的措施，及时为对方面子添上光彩，那便是最好不过的了。

第十章
低调做人：正能量不摆谱，更容易成大事

> 有些人好面子、讲排场，喜欢摆谱，表明自己的实力、价值。殊不知，摆谱让你失了人心，甚至与人为敌，成为众人眼中最负能量的人。经常摆谱的人，无暇下功夫做好该做的事，最后难成大事。

1. 身段越低的人地位越高

当今社会竞争日趋激烈，每个人都渴望在多元化的社会中崭露头角，表现自我。当然，敢于在人前展示自我必然具备相应的实力，拥有特定的优势。然而，"酒香不怕巷子深"，有时候肆意展示自己的才华，甚至在众人面前卖弄，容易招致别人的嫉妒，甚至是陷害。也就是说，一个人习惯摆谱，往往让人生很不靠谱。

古往今来，逞一时之勇，换来的往往是日后无法挽回的懊悔。优势必然要展露出来，尤其是在自己的工作领域中，但是如何展露就需要一定的技巧和方法。那些成功的人士，也曾在别人面前施展过自身的才华，否则无法被人发现。关键是，懂得在别人面前含蓄内敛，把握好火候而不招致猜忌，始终维系和睦的关系。比如，和别人谈生意的时候，有意识地淡化自己的获利优势，这样才能获得更多的利益。

人生就像是一场足球赛，每个人都在奋力奔跑，不管你的体力再好，球技再高，你都不可能单独上阵打败对手，赢取比赛的胜利。一个人把自己放在最高处，过分地看重自己的优势而不把别人放在眼里，势必会在各种场合碰一鼻子灰，被人鄙视和排挤，最终孤芳自赏。而真正实力强的人懂得隐藏自己的才能，淡化自己的优势，在和别人合作的时候懂得照顾到他人的感受，让自己处在一个可以回旋的环境之中，进可攻，退可守。正所谓，山不在高，有龙则灵，隐藏你的实力，把精力放在布局与执行上，反而能谋取到更大的成功。

张明是在美国学习计算机专业的博士，毕业后想留在美国工作，但万万没想到，在当地找工作的过程并不顺利，即使自己拥有高学历但依然屡屡碰壁。被许多公司拒之门外，张明开始苦思问题到底出在哪里？为何自己拥有高学历，所学又是热门专业，竟然找不到一份满意的工作？万般无奈之下，张明决定换一种方法试试，看看能否行得通。

随后，张明收起了自己的学历证书，以低姿态去碰碰运气。没想到，他很快就被一家电脑公司录用为职员，做一名基层程序录入员。从事这种工作的都是一些低学历的人，很多稍微有学历的人根本不考虑这个职位。但张明身为一个博士，却干得兢兢业业，勤勤恳恳。没过多久，上司就发现了张明的才能。身为一个基层的程序录入员竟然能发现程序中的错误，这绝对不是一般人能比的。随后，张明亮出了自己的学士学位证书，老板至此才明白了一切，大喜过望之余，立刻帮助他调换了一个对口的工作。

没过多久，老板觉得张明的才能绝对不止本科的能力。他发现张明能够很快上手，交给他的任务都能圆满完成，在新的岗位上总能出色胜任，还能提出一些很有建设性的建议和意见。这个时候，张明主动地向老板亮出了自己的硕士身份，老板这才恍然大悟，再次给他提供了更高的职位与待遇。

至此，老板更加重视张明了，很快便发现他的能力绝对在硕士之上，对专业知识的理解能力都非常人能比。这次老板很客气地把张明叫到办公室里，再次找他谈话。这个时候，张明瞅准了时机，拿出了自己的博士学位证明，并一五一十地叙述了自己这样做的原因。老板听完，毫不犹豫地决定重用他，这样的人才绝对不能流失，因为自己对他的学识、能力足以胜任更重要的工作。

张明在第一次受挫之后能够及时反省自己，寻找另一种方法，放下身份和架子，采取低姿态，最终办成了正能量的事。即使学问再大、学历再高，也不摆谱，而是从低层做起锻炼能力，增加基层工作经验，而后一步步完成职位上的提升，这既符合人才成长的规律，又是公司用人的一般逻辑。张明主动顺应形势，做到了这一点，成为最靠谱的员工，因此屡次赢得了老板的赏识。

许多人初入社会，没有经验就想大展身手，希望让别人马上发现自己的闪光点，一股脑儿地就把自己的头衔、底牌全部亮出来，夸耀自己。而这样做的结果往往适得其反，让别人反感，觉得你高不可攀，难以相处。此外，即使有人对你抱有极高的期望，但是你无法做到让人满意，最后照样令人失望。

放低姿态，放下架子，暂时隐藏自己的优势，不仅有助于更加清醒地认识自己，认清眼前的道路，还能帮你结交到更多的朋友，而不是让人看见一个优秀的高不可攀的你而望而却步。放下架子，是为了集中精力做好更重要的事，不被表面的功夫耗费太多时间，这恰恰是成功的基础。那些胸怀广博的人能够及时反省自己的缺点和不足，而不是一直沉浸在自己的荣光中无法自拔。不摆架子，在放低姿态中把握成大事的关键，在刻苦付出中迎来成功的时刻，这才是一个应有的智慧。

俗话说"骡子大能驾辕，人架子大了不值钱"，人们对架子大的人，太过优秀的人都会有抵触的心理——"有什么了不起，摆什么谱啊……"而对没架子的人，总会感觉亲近，少了压力。其实，放下架子就是一种智慧，放下了高高在上的头衔，才能集中精力练好真功夫。放下就是舍，有舍才有得，放下了虚荣的自己，摒弃自高自傲、装腔作势的作风，收获的是精神上的轻松和财富。

总之，淡化自我优势是一种成熟的表现，这也是历经风雨的人所总结出来的宝贵经验。一个人想做出成绩就一定要谨记教诲，懂得放下身段就是一个人成功的开始。整天将自我优势挂在嘴边的人，很难看到别人的优势，当你放下这些虚幻的东西的时候，你的优点自然会被别人发现，你的优势也将不言而喻。

做人正能量

架子大令人生厌，常常让人觉得难以接近，更不用说会有更深层次的交流和沟通、合作。架子是身份的附着物，虽然让人表面上风光无限，但是内心深处却备受煎熬。那些在政坛、商场上有所建树的人，往往颇有身份但又毫无架子。越是众人眼中的大人物，越是能够深入群众，越是亲切随和。当你眼里没有自己的身份，自然做人也就没了架子，这是一种豁达的做人态度。

许多时候，一个人不必急着展现自己，放下那个优秀的自己，从最底层做起，保持一种优雅和修养，最终会迎来一个更成功的自己。因为架子往往是出现在那些自认为有身份，但是实际上一无所有的人身上，他们沉溺在自我的优越感中不能自拔，看不起别人，认为谁都比不过自己。有这种心态的人，其实是最不靠谱的负能量的人。

2. 高调做事，低调做人

做人要尽可能地保持低调，而做事却要懂得高调。枪打出头鸟，如果你始终注意不过分显示自己，就不会招惹别人的敌意，别人也就无法捕捉你的虚实。而高调做事，努力地做好每一件事，你就会一次比一次做得更好，使你离成功更近一步。换句话说，这样做更正能量一些。

高调做事是一种做人的能力，而低调做人是一种做人的态度，把握好这两点很重要。有这样一位将军，在大军撤退时总是毅然选择断后，每次回到京城后，人们都夸赞他勇敢。对此，将军总是摆摆手说："并非吾勇，马不进也。"他把自己断后的无畏行为归结为马走得太慢。然而，在人们心目中，这显然只是一种说辞，根本无法抵消这位将军的英雄形象，相反凭借谦逊的为人，大家更加敬佩他。后来，在多次政治事件中，这位将军能够全身而退，显然与他高调做事、低调做人有很大关系。

对成功人士来说，保持低调既是一种习惯，又是一种保护自己、战胜对手的本能。因为低调，他们不容易被竞争对手揣摩到性格和用意；因为低调，他们早早地看准时机，避免过度竞争，一出手便达到目的。而高调做事，则让事业成功多了一份保险，赢得了好评与效益。很多时候，合作伙伴正是看在对工作高姿态上才选择合作。

针对很多人高调捐款，一位名人这样说："认为高调的做，有高调做的效果，这样才能换取更多人的关注；低调的做更是踏实地去做事情，而不是停留在口头上。我认为这两种都有它独特的价值，我的信念就是我要高调地做事，低调地做人。"

其实，做人低调是一种自我保护的方法。因为低调，你的很多心思不会外露，不会引起他人的嫉妒，别人无法寻得你的错处。有些人才华出众，却不懂得低调，导致大家都知道他，都针对他，结果招致不必要的灾祸。

历史上，柳永的才气非常有名，但是他却从不懂得低调，流连于青楼舞馆也从不避讳，发牢骚时也不管是否隔墙有耳。第一次科举考试失败，他没有气馁，卷土重来，第二次科举考试失败，年少轻狂的他写了一首发牢骚的词《鹤冲天》：

黄金榜上，偶失龙头望。明代暂遗贤，如何向？未遂风云便，争不恣狂荡？何须论得丧。才子词人，自是白衣卿相。烟花巷陌，依约丹青屏障。幸有意中人，堪寻访。且恁偎红翠，风流事，平生畅。青春都一饷。忍把浮名，换了浅斟低唱。

谁也没有想到，一时的牢骚之作断送了他一生的功名。有人嫉妒柳永，就把这首《鹤冲天》拿给宋仁宗看。皇帝读完勃然大怒，尤其是最后那一句"忍把浮名，换了浅斟低唱"，刺到了最高领导人的痛处。三年后，柳永再一次参加科举。御批时，宋仁宗看到柳永的名字，一笔就勾掉了，并旁批曰："且去浅斟低唱，何要浮名？"

因为高调，柳永遭到了太多人的妒忌，这让他的错误暴露在对手面前，破坏了宋仁宗对他的印象，最终让自己的仕途半途而废。倘若他能低调一些，为人谦谨一些，凭借个人才能一定会前程辉煌。可以说，不靠谱的人生离不开不靠谱的人，做人太高调，四面树敌，无形中招致各种麻烦，这样的人生必然不靠谱。

生活中，人们习惯攀比，却不肯抓紧现有的东西去努力，所以有一些仇富心理。这里的富不仅仅是金钱上的富，而是泛指所有优于他人的地方。在我们身边，不懂得低调的人，往往会遭受不必要的损失。要知道，炫富的人最容易被抢，不懂得低调的人往往不会受欢迎，而无法高调做事的人首先就输在行动的气势上，难免一事无成。

马明月是一位全职主妇，丈夫的工资足以应付日常开销，所以她平时游手好闲，甚至向邻里炫耀自己的幸福日子。比如，丈夫又加薪了，儿子考了班里第一名，诸如此类，久而久之，大家都慢慢疏远她，以后找邻居帮忙都不理她了。后来，丈夫在一次车祸中不幸丧生，她依旧过着奢侈的生活，仍旧什么都不做，最后欠了一大笔债，连房子也卖了。马明月最大的不幸在于，生活浮夸，失去了经济自主能力，所以当家庭变故后，她失去了最基本的生存能力。于是，以往飘在彩云上的生活方式变成了空中楼阁，失去财力供给后日子就面目全非了。

许多成功人士都有低调务实的性格，即使在成功之后，也保持着简朴的生活习惯，不露富，不爱张扬。"人怕出名猪怕肥"是他们遵循的古训，接地气的生活给了他们踏实过日子的智慧。总之，一个人一定要活在现实里，做人不张扬，做事有魄力，这也是正能量做人最基本的生活哲学。

做人正能量

低调做人，你会一次比一次稳健；高调做事，你会一次比一次优秀。我们要用心做事，尽职尽责：以积极主动的心态对待自己的工作、自己的公司，每天充满活力热情饱满地对待每一项工作并认真地完成。与此同时，保持谦逊，懂得低调，又何愁不会成为一个值得信赖的人、一个老板乐于雇用的人、一个拥有自己事业的人、一个成功的人？

3. 自我定位要正能量，没有金刚钻别揽瓷器活

在人际交往中，最忌讳的就是不切实际地说大话、吹牛皮，这样的人除了自我吹嘘，基本上没有别的本事了。相比之下，人们更愿意和那些朴实的人打交道，一个人有自知之明才是真聪明，也会更受人欢迎。因此，把自己定位在一个合理的位置，明白自己有几斤几两重，是成事的关键。

有的人做事因为缺乏自我认知而鲁莽行事，容易导致惨败。不自量力的结果是过高地看待自己，认为自己的能力足够强大，却在残酷的现实面前经不起风吹雨打，很容易露出破绽。

妄自尊大的危害不言而喻，如果一个人找不准自己的位置，就容易陷入孤芳自赏的泥淖中无法自拔。显然，一个人每天自我陶醉，丧失大好时机去赢取胜利，最终一无所有。尽管很多人都明白这个道理，但吹嘘自己的能力似乎是很多人的通病。俗话说，没有金刚钻就别揽瓷器活，当你准备做一件事情的时候，一定要先掂量自己有没有那个能力。人活在世上，必须有坐标，按照某个方向前进，失去了准确的自我定位，到头来注定会带来负能量的结果。

定位是什么？就是对自己做出一个合理的评价，清晰明了地认清自身的价值。一个人处在社会中，首先要知道自己的实力如何，能干什么，不能干什么，最终找到一个努力的方向。处在不同位置上的人有不同的职责，社会对每个人也有不同的要求。只有当你按照自己的职责范围履行义

务时，才容易达成目标，甚至取得成功。如果你总是做超出自己能力范围的事情，那么势必无果而终。也就是说，给自己一个准确的定位，并在能力范围内行事，才更靠谱，更容易把事情办成。

在汉末纷争的那个年代里，诸侯都觊觎着皇帝这个称号，但是谁也不敢轻举妄动。虽然皇帝之位诱人，但大家都明白自己的能力，如果谁敢上去偷尝一口，必定会引起别人的不满，最终惨死。这其中只有一个叫袁术的人，心比天高，不知道自己的能力就想去染指皇帝的宝座，最终犯下了致命的错误。

当时，其他诸侯也跃跃欲试，但始终没有跨越雷池一步。势力强大的曹操，已经挟天子从洛阳到了许都，以令诸侯，汉献帝成了他手中的一个傀儡，而各位诸侯都不敢生这个替而代之的念头。曹操一生功高盖世，多次有人劝他登上皇帝的宝座，统领天下。但曹操没有接受，他心里想的是，皇帝宝座固然诱人，但成为皇帝必定是如坐针毡的，弊大于利。所以，他一生都没有登基称帝。

袁术本来就是一个不学无术的人，没什么本事就是喜欢瞎掺和，什么事都要插一脚。从他和吕布交手出场的样子就可以看出，这个人没有大作为。"身披金甲，腕悬两刀"，这样的形象与街头卖艺的丑角有何差别，把刀吊在手腕上，不做武器做装饰。这种完全没有条理的人当然只有挨打的份。结果可想而知，不出三局就被打得落花流水，后来还碰上了关羽，只好败退回淮南去了。

吃了败仗之后，袁术不仅没有悔改，反而在得到孙坚质押的玉玺之后萌生了当皇帝的想法。这就是我们俗话说的头脑发胀，飘飘然了。于是，袁术在野心的驱使下，不自量力的开始在淮南建立小朝廷，称帝建号，招募嫔妃。一时间，轰动了大江南北。袁术的部下纷纷劝他不要恣意妄为，千万不要僭称帝号。但是袁术哪里还能听得这些话，早就冲昏了头脑，失去了最后的一点自知之明，死也要当皇帝。

然而他这样做也并不奇怪，袁术本来就是没什么本事的人，更没有自知之明，这样的人一旦爬上了高位，就容易利令智昏。为了达到自己的想法，就会不顾一切地去做，根本不会考虑后果。后来，袁术终因犯了大忌而遭到围攻，最后惨败。

由此看来，一个人无法正视自己，把自己看得太高、太强，结果会摔得很惨。每个时代，在风起云涌、瞬息万变之际都会冒出一些不自量力的人。山中无老虎，猴子称大王。虽然有野心但是却没能力，根本就是不自量力。

做任何事情都要明确一点，明明自己办不到就别一口答应下来。人们之所以经常吹牛皮、夸下海口，往往都是为了自己的面子，或者丧失了理性判断力。长此以往，必然成为他人眼里负能量的人。因此，一个人为了取得实实在在的功业，务必要放下浮华的口号和托词。并且，在对他人许诺时也要明白，一个人的能力再强也会有自己做不到的事情，为了面子轻易许下承诺只会让别人看低自己。因此，答应别人办事前一定要三思而后行，无论如何都不能为了逞一时之能，贪图一时的脸面风光而开出空头支票，否则结果只能是伤了别人又害了自己。

做人正能量

准确的定位是为了善用自身的资源，集中自己全部精力来发展。很多人看见什么都想跃跃欲试，什么领域都涉足，结果没有一项工作是能做好的。过分地分散你的精力将导致你失去原有的优势，收效甚微。

一个人想要成就大事，就要把自己定位在一个准确的位置。自我定位正能量了，才能有所成就。准确的定位是为了能够更好地发展自己，很多人事业不顺心，生活不如意不是因为自己的能力不够好，自己的学问不够高，而是选择了超出自己能力范围的事情。很多人在涉世之初根本不明白自己想要什么，也没有认真考虑过"我是谁""我适合做什么"的问题，因此找不到正确的方向，把时间浪费在一些并不是真正适合自己的工作上，在许多事情上也就不能如愿以偿。

4．少搞形式主义，排场不等于面子

提起形式主义，大家一定不会陌生。在我们身边经常会看到一些名气不大，也没什么事业成就的人，每次出门在众人面前表现得浮夸，排场和架子大得惊人。其实，越是没能耐的人，越是一事无成的人，越爱搞形式主义，因为他们内心太在乎颜面，怕表面功夫做得不够好容易遭到别人的嘲笑。但是，爱摆架子的人注定是不会讨人喜欢的，非但不能让别人高看他们，反而会引来无数人的鄙夷。

假如你只是一个平凡的小老百姓，一味地追求排场只会引来周围人的奚落；假如你是一个商人，喜欢虚无的排场主义，就会吓跑客户，谈不成生意；假如你是官员，出门浩浩荡荡，做事高调必定会引来百姓的不满。总之，架子越大的人，越爱搞排场的人会给自己招来许多麻烦。

排场不是你的面子，不能给你脸上贴金，少搞形式主义，脚踏实地多做一些实际有用的事情比什么都强。然而，许多人从小就被灌输一种理念，要为家里争光，要争气，以至于多年以后仍然追求浮华的目标，根本不顾及实际情况。诚然，人人都不希望别人看扁自己，都希望在别人眼中能展示一个最风光无限的自我，打肿脸充胖子固然荣耀一时，但其中的苦涩只有自己知道。

王超是北大的毕业生，找工作的时候正好赶上了全球经济危机的浪潮。当时，国内经济十分萧条，很多企业都倒闭关门，很多大学毕业生都找不到工作。为了不待在家中吃闲饭，王超决定到一家小型出租车公司碰碰运气。他热情地跟一个同学说希望一起去试试，但是他的好心却遭到了对方的耻笑。"王超你疯了吗？我们好歹也是北大毕业的，应该给自己一个较高的起点吧！"结果，王超在受到奚落之后，只好一个人去做了出租车司机，而那个同学依然在寻找着所谓光鲜体面的工作。

由于所学专业是管理，所以王超将其运用到了出租车的经营当中，一时间生意异常火爆，这在萧条的经济背景下显得不可思议。不久，王超的经营才能被出租车公司老板发现，他被调任到领导身边做助理，逐步接手公司更多的事务。没过几年，老板的岁数越来越大，他准备退休，但是子女们都不愿意接手这家只有十几辆车的小公司。老板看着自己一手经营的公司，实在是无法忍心地把它解散掉，无奈之下想到了王超，希望他能够继续经营这家公司，并且以极低的价格转让给了他。

这对王超来说简直就像是天上掉下的一块馅饼，他没能想到自己竟然成为一名老板。在接受这家出租车公司后，王超更是埋头苦干起来，把自己的才能淋漓尽致地发挥出来。转眼间，没过几年，王超的出租车公司已经拥有了一千多辆各种类型的汽车和两家子公司，王超的资产也上升到数千万。王超此时感慨道，如果当年自己放不下面子，一心想去当白领，肯定是不会有今天的成就。而王超的同学虽然当初当上了白领，看似风光无限，但是几年的时间依然还是处在原来的位置上，丝毫没能提升。

王超虽然出身于名牌大学，但是他却能抛开光环，放弃掉这些不实的荣誉，根据具体的社会环境决定自己事业的发展方向，难能可贵。王超不爱面子，不讲排场，不搞形式主义，他能脚踏实地，从最基层做起，一步步的攀升，向上努力，最终取得成功。而那些爱面子的同学处在众人之间，光芒被掩盖，也就永远都没有出头之日，长时间地做着枯燥乏味的工作。

和王超一样，另一位校友在毕业后没有像其他人一样往大城市挤，而是回乡卖起了猪肉。当时，一度造成了舆论的哗然。可是那位毕业生毫不理会，依然坚定自己的选择。很快，他当起了老板，生意也越做越红火。这两个人虽然名校出身，却不把光环带在身上，如果他们以一种自大的心态来做事，绝对不可能获得今日的成功。

形式主义的东西是负能量的，面子远没有踏踏实实做事更可靠。所以，一个人想有所成就，就一定要学会放下面子，不醉心于浮华的形式和虚名，则成功会来得更早一些。在我们的身边，每天都在上演死要面子活受罪的事情。但是坐下来冷静想想，为了面子争得头破血流，真的值吗？其实，只要抛开这些包袱，放弃虚幻的名号，一个人就不会活得这么累。一个人过分的看重自己的面子，势必会影响到个人能力的发挥和经验的积累。须知，一个人不能放下面子，而是注重排场，他就无法从最基层的事情做起，成就更大的功业。

对于那些有所成就的人来说，面子等形式主义的东西不能要，因为它会拖累人，直至丧失理想和斗志。所以，把面子放下，抛开所谓的排场和架子，放得越早越彻底，你所能取得的成就会越大。有时候，为了面子不仅会委屈自己，还吃力不讨好。既折损了自己的斗志，还招来旁人的嘲笑和讽刺。既然如此，何不抛开面子，脱下戴着的面具，活出一个最真实的自我呢。对一个人来说，面子不是令人羡慕的，而是十分沉重的，它就像是十字架一样，限制了自己前行的动力。因此，年轻人要想成就大事，就要抛弃架子，做一个务实笃行的人。

做人正能量

爱讲面子的人喜欢摆架子，讲究排场，无论做什么事情都追求虚无缥缈的东西，到头来一无所获。长此以往，这些虚无的东西就会成为事业道路上的绊脚石。爱面子和讲排场都归结于自身的虚荣感，越是缺乏什么就越是爱显摆什么，这显然会降低一个人的视野高度与精神层次。事实上，真正的力量来自于智慧、才华等实际的东西，在这方面多花些时间和精力才有助于一个人提升竞争力，成就自己更美好的未来。

5. 做个实干家，投机取巧最负能量

有一句成语叫"四两拨千斤"，这被许多人极力推崇，甚至当成座右铭。做事追求有效的解决方法无可厚非，有时候适当地走捷径也很正常。但是，在关键问题上，万万不可有投机取巧的心理，因为这种做法得来的结果往往是负能量。

在人们的内心深处，有一种追求叫"事半功倍"，即用最少的功夫收获最多的成效，所以很多人都会选择碰运气。比如，赤壁之战中的借东风、草船借箭，诸葛亮的空城计等，但是这些都是小概率的事件，并不是每次都能奏效。偶尔用一次可以视之为常态，但是每次都想碰运气那就万万不可了。

事实上，人生的成功需要一步一个脚印的扎扎实实地去奋斗、努力，任何投机取巧的心理都有可能使你前功尽弃。今天，越来越多的人宁愿冒着风险去碰运气，也不愿意脚踏实地去干，这就背离了成功的基本规律，还隐藏着很大风险。比如，很多人做生意喜欢投机取巧，使得经营中的盲目扩张导致企业倒闭、品牌受损，所有这些都是走捷径的投机心理在作祟。一个人或者一个企业要想获得成功不但不能心存"四两拨千斤"的侥幸心理，而且要有"千斤拨四两"的思想观念。只有练就扎实的基本功，其成功才有更加可靠的保证，才能来得更正能量。

台湾经营之神王永庆是一个踏实做事的人，他15岁辍学当学徒，经常三餐吃不饱，衣服破烂。1931年，他就跟着叔叔到嘉义县城闯荡，到一家日本人开的米店打工。在这里，王永庆不单单混饭吃，而是表现得比同龄人更勤奋。

白天干活的时候，王永庆总是留心观察，看老板如何做生意，包括怎样记账算账。到了晚上，躺在床上就回想一天的事，回忆老板的每个动作、每句话，参透其中的深意，并牢牢记在心里。就这样，过了短短半年，王永庆就熟悉米店生意了。

第二年春节过后，王永庆带着两个弟弟，用家里凑的200元钱开了一家米店，那一年他刚刚16岁。由于本钱少，他们只能在最偏僻的地段租一间最小的房子。结果，开业后生意惨淡，根本没人来买米。

勤于思考的王永庆没有气馁，他不断琢磨，研究顾客的经济条件和生活习惯，很快想出了高招：第一，提高质量；第二，送米上门；第三，可以赊账。结果，王永庆推陈出新以后，米店的口碑越来越好，最多一天可卖出一百多斗大米，逐渐走上了发家之路。

脚踏实地做事，让王永庆得到了丰厚的回报，生意一步步做大。而他的商业思维、经营理念，也离不开这种勤劳苦干、勤于思考。做人做事摒弃投机取巧，更容易提早到达成功的彼岸。

在人生的道路上，没有任何捷径可走，只有具备"千斤拨四两"的实力，才会出现"四两拨千斤"的奇迹，成功也才有可靠的保障。身处竞争激烈的环境中，许多人无法承受压力，往往选择投机取巧的手段，虽然暂时可以获得丰厚的回报，但是终究不是长久之计。更危险的是，一旦外界环境变化，或者判断失误，你很可能遭受重大挫折。由此看来，实干才是最正能量的成功定律。

投机取巧负能量，这个道理很浅显易懂，但是很多人就是妄想一步登天，须知抵达成功地终点注定是艰难的，我们必须要一步一个脚印，才能创造丰厚的果实。像守株待兔这样的事情是不会再发生第二次的，天上更不可能掉馅饼，一个人不去行动，妄图中彩票，到头来只能坐以待毙。陶行知曾经说过："行动是老子，知识是儿子，创造是孙子。"的确，无论是做什么事情，行动都是最重要的。光说不练假把式，无论何时何地，都不会有实实在在的行动更让人安心。

在我们身边，许多的人往往只做口头上的英雄，不做行动上的巨人，说的永远都比做得多，而且往往都是光说不练。在此，请牢记一句话，那就是"苦尽甘来"。不在实干中品尝苦涩的奋斗滋味，就无法体验生活的艰辛；而在苦干、实干之后，成绩降临之后，你感受到的那份欣喜远非投机取巧的荣耀能够替代。一个人，就应该踏踏实实的付出劳动，只讲耕作，少问收获。宁肯冒着风险去行动，也不要坐以待毙，幻想着果实能主动地长出来，送到自己面前，这才是成大事的素养。

做人正能量

实现心中所愿，需要付出艰辛的努力，而其中的艰难超出了常人的想象。因此，许多人因为承受不了辛苦的付出而选择走捷径，甚至投机取巧。然而，世上没有捷径可走，离开了脚踏实地的努力，一切都变得虚无缥缈。

在任何地方，那些成功人士都奉行务实笃行的原则，他们不仅严格要求自己，还用这种理念影响身边的人，这是他们及其团队成功的重要原因。放下空架子，从一开始就脚踏实地努力，其实是最节省时间的制胜之道，否则就会浪费宝贵的时光，到头来竹篮打水一场空。

6．自大，是一种毁灭

谈到"自大"，人们脑海里想到的肯定是那些飞扬跋扈，自认为很了不起的人。妄自尊大的人往往喜欢把自己的地位和作用看得很重要，夸大自己的价值，但实际上越是喜欢自我吹嘘的人，越是没有真材实料，甚至在内心深处有些自卑。腐败没落的清朝就是认为自己是强国，不愿意与外国交流，甚至是闭关锁国，最终还是败在了善于学习的外国列强手中，并由此拉开了长达百年的中华民族的屈辱历史。清王朝因为妄自尊大导致了腐败无能，断送了祖宗打下来的江山和两百多年的基业，令后世唏嘘不已。

一个人如果抱着自大的心态去做事，那么最终的结果肯定是悲惨的，甚至是对自己前途的一种毁灭。有些人深知自大的危害又很难检视自己，无法让自己改掉这个坏毛病。所以，碌碌无为的人很多。比如，有的人刚刚走出校门，以为自己是高才生，手中拿着名牌大学的证书，就自高自大起来。参加工作后，他们认为自己是天才，肯定能够创造出辉煌的事业。但是，过高地估计了自己的能力，不去主动放低姿态适应社会，注定会带来意外的打击和伤害。自大，之所以会毁灭一个人，因为它让人虚无，华而不实，这种心态和办事习惯都是负能量的。

在美国，有一名叫库帕的大学毕业生一直找不到工作，就在他走投无路之际决定到乔治的无线电公司碰碰运气。库帕从小就是无线电的爱好者，而乔治一直就是自己的偶像，因此希望能够在他的公司留下，学一些无线电的技术。一天，库帕怀着极其忐忑的心情来到了乔治的办公室门口，他暗自鼓励自己，如果有机会留下来，一定勤恳学习和工作，将来在无线电行业取得巨大成绩。随后，库帕敲开了乔治办公室的门，看到对方正在埋头专心研究无线电话。

库帕轻声说："尊敬的乔治先生，我能打扰你几分钟吗？我很想成为你公司的一员，如果你欣赏我就请您把我留在你的身边，如果能当上你的助手，那就再好不过了。"当库帕将心里的想法一股脑全说出来时，他急切地想知道乔治的态度。但是，乔治的反应却让库帕大为伤心。话音刚落，乔治头也不抬，就发话了："哦，那么你是什么时候毕业的，在无线电行业有什么成就吗？"

库帕诚恳地说："尊敬的乔治先生，我是今年刚毕业的大学生，从来没有干过无线电的工作，但是我从小就很喜欢，我也一直把您当成我的偶像。"

乔治先生早已不耐烦了，他打断了库帕的话："小伙子，我看你还是另谋高就吧，虽然我很欣赏你的勇气，但是我再也不想看见你了，也请你不要在浪费我宝贵的时间了，好吗？"

刚才紧张的心情此时一下子冷静下来，库帕本来想找工作，没想到却被乔治如此羞辱。于是，他依然不卑不亢地说："乔治先生，我知道你正在研究的是无线移动电话，对吗？你可以让我看看嘛，说不定我可以帮上一点忙。"这时，乔治才开始仔细打量眼前的小伙子，这个其貌不扬的人竟然能知道自己正在研究的项目，不免感到一丝惊讶。但是，高傲自大的乔治还是觉得这个年轻人不靠谱，怎么可能帮上忙？于是，乔治还是让库帕出去，不要再打扰自己工作了。

多年后，在1973年曼哈顿的大街上，一个男子手里拿着一个砖头般大的无线电话,他就是当年的库帕。此时,库帕早已成为了摩托罗拉公司的工程技术人员,而手中的无线电话就是他和同事们一起研发出来的。库帕拿着电话,打给了乔治:"乔治先生,可能你永远都无法预料到今天的场景吧,我现在正在用一部便携式无线电话和你通话呢。"

乔治万万没有想到,那个被自己赶出去的毛头小子竟然有了今天的成就,因为自己的高傲自大,竟然亲手送走了这样一个宝贵的人才,但此时乔治再怎么懊悔也迟了。库帕在研究出无线电话后声名鹊起,后来离开了摩托罗拉公司,开始专心研发无线电技术,而当初妄自尊大的乔治一直都是默默无闻。乔治的妄自尊大不仅使自己饱尝了苦果,更失去了一次使自己成功的重要机遇。

自大像是一把无形的刀,割断了我们理智分析的能力和判断能力,也割断了我们曾经苦心经营的人脉网络,使大好的机会从手中不断流失,以至于最终葬送了美好的生活和辉煌的前程。一个人想要成就大事,就要果断抛开自大的包袱。由于盲目自大,你会觉得自己无所不能,以至于原来曾经提供过帮助的人都不被放在眼里,让一个人干出许多离谱的事情。

"满招损,谦受益""谦虚使人进步,骄傲使人落后",这些名言警句都是在提醒我们,做一个谦虚谨慎的人是多么重要,它将构建起我们成功基石。然而,自大似乎一直是代代相传的基因,就像癌细胞一样在人们的身体里迅速扩散、繁殖,成为人性中最大的弱点。自大心理的产生源于认识的片面性,与身处的封闭环境息息相关。由于曾经在某些领域上取得了一点小小的成就,或者比别人有着优秀的一面,就觉得自己的能力和才干比别人高一等,进而逐渐扩展到更大范围,从而形成认识上的虚幻景象,最终说话办事越来越离谱。

超出了事实的范围,高出了人们的预期,脱离了事件的真相,这些不靠谱的情形会让一个人疯狂,最终惨败。自大的原因与自卑心理有关,与面子有关,也与高傲的心态有关。总之,无论什么原因,一个人都应该极力改掉这种缺陷，让自己每一天都走在坚实的道路上，不在虚幻的世界中浪费时间。

坐井观天的人觉得自己看透了整个天空，处在小范围环境内生活的人以为自己最厉害，殊不知封闭的环境让人心理失衡、意志薄弱，长此以往自然失去与强手较量的本领，直到惨烈的现实摆在面前才如梦初醒。平庸的人，可以通过虚心学习变得才华出众；失败的人，可以通过奋斗走出低谷。这一切，都是虚心行动带来的，都与自大无关。因此，直面更真实的自己，远离自大的幻想，一个人才能在奋斗中历练出真本事，取得大业绩。

做人正能量

一个人一定要认清"妄自尊大"的危害，努力摆脱这种梦魇的侵扰，通过坚实的奋斗改变命运。经验表明，任何人的智力、能力都是有限的，你没有比别人强多少，你不是天才，不要妄自尊大。经历更多人和事，你会发现山外有山，人外有人。所以，成为正能量的人，首先要摒弃自大心理、自大意识。

成熟的人有才华，更有可贵的理性精神。他们能够坦然面对眼前的一切，不急躁，不浮夸，遇事不气急败坏。有了这份淡然和稳健，遇到再大的麻烦都能公允地对待，找到解决问题的良策，避免因为自大丧失理性解决问题的能力。

7. 不因一时的胜利放弃继续成长的机会

在这世上有两种成功，一种是必然的成功。当你完成了一件事情后，能明白事情的起因、经过、结果，知其然更知其所以然。知道自己为什么这样做，是怎么做的，成功是在你的掌控下完成的，这是可控的成功。只要你能保持理性的状态，把成功的获得看淡，不喜形于色，那么当下一次同类事情发生的时候，你依然可以做得很完美，依然可以复制成功。

另一种成功是不可控的，叫作偶然的成功。虽然你完成了，但不知道为什么会成功，成功不在你的掌控之下；所以很多人对这样的成功会觉得意外，并且会得意忘形，进而开始不思进取。

偶然的成功让你开始忘记自己是谁，得意忘形的爽快更让你无暇顾及未来的路，你始终沉醉在过去的成绩中无法自拔。对一个人来说，如果有这种情况，务必要提高警惕，加以改正，否则很容易作茧自缚。

今天，每个人都有施展拳脚的机会，稍微有点本事的人都能有用武之地。对那些有真功夫的人来说，这是一个展示自我才华的时代，但是总有一些人无意中取得了成功，而后就忘乎所以，处处得意忘形起来，说话更是盛气凌人，眼里容不下任何人。长此以往，势必丧失前进的动力，直至裹足不前，最后让自己的人生变得很不靠谱。

成功后就忘乎所以，沉浸在以往的胜利中无法自拔，或者无法突破自我，取得新的成绩，都是发展之路中断的表现。如果这些情况得不到改观，那么其成长之路就算夭折了，很难再有大的进步。那么，人生为什么会变得这么不靠谱呢？究其原因，是认知出了问题，也是意志力薄弱的表现。

李某是一位年轻的男歌手，早年间在酒吧唱歌，积累了一定的人气，凭借自己的努力开始参加电视上的选秀比赛。慢慢地，他不断在各类歌唱比赛中崭露头角，终于成为众人瞩目的耀眼新星。随后，李某凭借超高人气，开始接洽大量的广告和代言，并赚得钵满盆满。

名气大了，自然会迎来各种荣耀。不久，老家几位文艺界人士想宴请这位从小城走出去的大歌星，李某欣然答应了。然而在约定见面的日子，李某却迟迟没能出现，在座的几位足足等了一个多小时，也不见这位大明星的身影。最后，姗姗来迟的李某到达酒店，只是若无其事地坐在主宾的位子上，连一句礼貌性的问候和招呼都没打，更不用说表示歉意了。

对于李某的表现，在座的人都以年龄小给予了充分的谅解。随后，酒宴开始了，在座的几位文艺界长辈都对后生表示了祝福和期望，但是李某却坐在那里无动于衷，只顾享用美味佳肴，对众人的表示丝毫不在意。这时，李某旁边的一个人起身，主动敬酒，并以长辈的身份向李某提了几句要注重品德修养和礼貌的忠告。这本来无可非议，一个长者对晚辈做这些忠告是最恰当不过了。但是，李某却丝毫听不进去，在他看来，这简直就是对自己的侮辱和蔑视。于是，他生气地放下筷子，毫不客气地指着那位长者说："我今天坐在这里，是给足了你们面子。我不过吃个饭，你们就唠唠叨叨得没完没了，还给我提意见，你以为你是谁，就你们那水平，活了半辈子也没混出个名堂，也配和我说话？"一边说着，一边傲慢地摔门而去。

看着李某的背影，众人面露尴尬，纷纷叹息这后生实在太嚣张了。本来，凭借李某自身的实力和取得的成就，只要继续坚持努力就能创造更大的成绩；但是，他孤傲异常，并没有继续付诸努力，没有朝着人们期许的方向发展，结果艺术生涯过早地衰败了。由于李某的傲慢和骄傲，他对人往往抱着不屑一顾的态度，结果各大广告商和电视台都放弃与之合作；再后来，甚至开始封杀李某，而他摆架子、脾气大的毛病也在业界迅速传开，彻底失去了发展机会。若干年后，李某又回到酒吧开始卖唱，成为一个沉寂无声的小歌手，生活在城市某个不为人知的角落里，为生计奔波。

李某的得意忘形葬送了自己的前途和未来，这种教训是异常深刻的。一般来说，人在得意忘形的时候就会容易感觉自我良好，虚荣心不断膨胀，甚至变得不可一世，无视别人的存在，结果自掘坟墓，演绎了一段负能量的经历。

人生在世，必须有大境界、大格局，才能掌控现在和未来。比如，有了成绩不得意忘形，更不能颐指气使，才是高明者所为。有的人没见过什么世面，取得了一些成绩就飘飘然，太高估自己的能力和本事，忽略了外界的帮助以及偶然性因素，结果开始妄自尊大，直到栽了跟头才恍然悔悟。这其实是缺乏见识、被名利束缚的缘故。

事情可以做大，大到可以得意，却绝对不能忘形。把握好分寸，懂得收敛自己的光芒，得意而不忘形，才能马到成功。真正聪明的人，在自己得意的时候，会适当地掩饰自己的得意，不会全部的表露出来，因为得意得过了火就会遭遇非议。所以，那些得意忘形的人无异于是在给自己找麻烦。一般来说，大家都喜欢聪明能干而又谦虚的人，真正聪明的人是懂得如何收敛自己的。他们常常会在明显的地方故意留下一些无伤大雅的小问题，让别人能够一眼就发现，并毫无恶意地笑话说"你怎么连这么简单的事情都不会做"。这样一来，看似风光无限的自己其实也不过是个普通人，拉近了和他人之间的距离。

如果你正处在得意的阶段，务必要懂得收敛锋芒，给人留下可靠的印象，万万不可目中无人。即使有真功夫在身，也要注意保持一分谦卑，不因过分显露才华而惹人妒忌。有时候，太自以为是往往失去前进的意识，而你的同行根本没有停下来，始终在奔跑，你怎能有丝毫的懈怠呢？

对一个人来说，应总是渴望才华、事业、成绩，并为此孜孜以求。可以说，取得成功是一个人立身的根本，是立足的根基。并且，这种成功最好相伴一生，否则由盛转衰，中途遭遇失败，都是深深的遗憾。从这个意义上来说，一个人取得成绩后再接再厉，不沉迷于过去的成绩，就是正能量的人生。

做人正能量

每个人都会在某一时刻取得暂时胜利，并为此自我陶醉，这很正常，也容易被理解。但是，成熟的人不会长久地陶醉于暂时的胜利，更不会得意忘形。在他们看来，陷入孤芳自赏的境地是一种浅薄之举，而狂喜到忘形更是有悖于常理，让人看了厌烦，见了心烦。

不为一时的胜利迷失自我，更不能摆架子。显然，着眼于更长远的未来，瞄准更高的目标，人生才会足够壮丽和精彩。不因一时的胜利放弃继续成长的机会，而是继续学习和修炼自我，在待人接物方面保持低调；如此一来，你才能活出真实的自我，迎接下一个成功时刻的到来。

8. 别太逞强，每个人都有脆弱的时候

　　达尔文创造了进化论学说，其中"物竞天择，适者生存"理论深入人心，但是很多人却把它们曲解成了"弱肉强食"，这不能不说是一种遗憾。人们普遍认为，只有强大的人才能在社会中生存，那些弱小的人物只有被别人欺侮的份。其实，原句的意思是"适者生存"，只有适合环境的才能存活下去，但是很多人把它理解成了"强者生存"或者"大者生存"。于是乎，很多人就开始逞强，装腔作势，不顾自身的条件限制一味地要做强做大，殊不知超出了自身的能力范围将会导致不可挽回的局面。

　　当然，我们并不是说强大的人就不能生存，也不是说强大不好，只是很多人本没有强大的条件，却非要装出一副强大的样子来逞强，狐假虎威，结果得不偿失。逞强的人想要表现自己，使自己锋芒毕露，为的就是获得对他人的超越感和优越感，从而谋求外界的敬佩与肯定。人不可以不强，但是绝对不能逞强，好逞强的人装出一副虚假的模样，不但身心疲惫，更重要的是对自我成长和发展没有一丝作用，甚至会起反作用。

　　张立所在的公司最近开始大面积裁员，但他似乎无动于衷，因为自己在公司财务部总监的位置上已经做了5年，凭借过硬的专业知识和超强的工作能力，无论如何不会被裁撤。换句话说，这种自信还是有的。然而，事情没有想得那么简单，张立很快就接到了老总的电话，通知晚上面谈一

下。晚上，张立怀着疑惑、焦虑的心情来到老总的家，对方也没说什么客气话，一见面就开门见山地说："小立啊，你也是知道最近公司的难处，根据公司目前的实际情况，你是不是可以到分公司的财务部工作呢？"张立一听，当场就拒绝了老总的提议，并没有多说什么就离开了。

看着张立的背影，老板并没有过多挽留，只是在门口诚恳地说："先不要急着拒绝，你还是再考虑一下，想清楚后再给我一个明确的答复。""不用，这件事我已经决定了。"张立头也不回就走了。

三天后，公司的裁员名单公布了，上面果然没有张立的名字，但是和裁员名单一同发放的还有公司内部人员调整的名单，张立被调到了分公司的财务部工作。张立看到这个消息，气不打一处来，气势汹汹地来到老总的办公室，生气地说："你这是什么意思，给我一个合理的说法。""这都是董事会的决定，无法更改。"老总摊开双手，无奈地说，"我觉得你还是坦然地接受吧，先去适应适应再说。"还没等老总说完，张立就把调任令扔在了办公桌上，然后毫不客气地说："不用了，我不会去的，下午我就把辞职信交上来。"

张立一脸怒气地回到办公室，心中愤愤不平，自己为公司做了这么多年，在团队中也是有头有脸的人物，怎么能把自己调到分公司呢。到了下午，张立果然把辞职信给老总送来了。老总显然很吃惊，一脸惋惜地说："能再考虑一下了吗，你可不要逞强啊。""不用了，我去意已决。""好吧，既然这样，我也不好再挽留你了，这样吧，你晚上到我家里来，我来为你饯行。"

晚上，老总为张立做了丰盛的晚宴，但张立却吃得心不在焉。他想，如果老总继续为工作的事情挽留自己，一定立刻走人，绝不多待一会儿。让张立没想到的是，老总对工作的事情绝口不提，而是在吃完饭后准备一起看一部电影。张立感到奇怪，但也没有多想，便答应了下来。影片是一部科学纪录片，内容是在白垩纪、侏罗纪时代地球上的种种生物，包括恐龙、鳄鱼、蜥蜴、变色龙等爬行动物。张立觉得实在是没有多大意思，只能勉强看完。很快，影片就演到了恐龙的灭绝，张立困意十足，决定起身走人了，但这时老总的一番话却让他心里产生了波澜。

"这么强大的恐龙都难逃一死，可是小小的变色龙却活到了今天。有时候，人不能太逞强啊。"张立听完，总觉得老总话里有话，但他也没有多问。在回家的路上，他一直回味着老总的那句话。老总好像是在感慨恐龙的不幸，但是张立隐隐约约中感觉到这似乎跟自己有什么关系。难道自己也是一只恐龙？想到这里，张立恍然大悟。

第二天，张立回到了公司，答应了老总之前的提议，决定到分公司继续从事财务部的工作。很多同事为张立如此之快地改变自己的决定感到不解，而更为不解的是公司老总好像从来没有收到过什么辞职信。张立愉快地去分公司的财务部报到了，并且比以前更加认真卖力工作。半年之后，公司恢复了张立的原有职位。原来，内部调整和裁员，是因为公司那时在市场上遭遇了同类产品的强烈竞争，所以只好选择通过暂时变革渡过难关。如今，张立的办公桌上多了一只橡胶变色龙模型。每当有人问起它的来历时，张立总是笑而不语。

"物竞天择，适者生存"，这是大自然的规律，每个人都无法违抗。生存之道其实很简单，无非是"适应"二字，一味地逞强未必是力量强大，能够适应环境变化才是有竞争力的体现。一个人往往给人刚强的印象，但是它不是逞强，不是凭借虚无的东西证明自己的价值。实际上，不自量力的逞强只会让我们承受更多的负担，比如身心疲惫、空耗精力。其实，一个人也有脆弱的一面，该示弱的时候就示弱，这未必是无能的表现，而是一种策略性需要。总之，善于根据情势变化决定我方取舍，才是智慧的表现，才会迎来正能量的成长历程。

有的人总是担心别人不了解自己的才华，小看了自己，于是便处处展露自己的锋芒，小看别人，认为天下除了自己都是无能的人。这样活着，未免太累。人的生命极其短促，过分逞强而空耗时光和精力，未免是一种浪费。还有人不从实际出发，一心想要逞强，妄想能一步登天，但是却摔得惨痛无比。可见，要想成为一名强者，就要历经风雨，脚踏实地的从实际出发，逐渐地成为一名能够适应风雨变化的智者，而不是单单凭着一颗冲动的心、逞强的心去乱闯。自信而不自傲，求强而不逞强，在当今也不失为一个人走向成功的必备之素质。

做人正能量

逞强的人往往会引起周围人的不满和嫉妒，明智的人懂得"藏锋露拙"，在低调中积蓄力量，冲向更高的顶峰。当然，这并不是说才华不可外露，而是说别过分显露才能，更不能才德不佳的时候硬去逞能，作出虚假的示范。一方面，逞强太耗费精力，不如把功夫用在增长才干上面；另一方面，逞强终究是一种骗术，一旦被揭穿往往失了信誉。

求强的人有远大的抱负，这是成就伟大事业的良好品性。自信而不自傲，求强而不逞强，这是当今每个人的立身准则。许多时候，在许多事情上，只要按照自己的目标去行动，自然会有收获的那一天，万万不可给自己增加额外负担，乱了心神。